InSAR 三维形变测量理论与应用

胡　俊　李志伟　朱建军　刘计洪　著

科 学 出 版 社

北　京

内 容 简 介

本书系统地阐述了利用多源异质 InSAR 观测值实现高精度三维地表形变测量的理论、方法与应用。主要内容包括：InSAR 一维地表形变测量方法，尤其是一维形变在地质灾害解译中的局限性；InSAR 二维地表形变测量方法，重点对比和分析了 POT 和 MAI 两种主流方法的精度和适用性；基于多源数据融合的 InSAR 三维地表形变测量方法，包括函数模型和随机模型的构建，以及在不同应用实例中的模型优化；基于先验信息约束的 InSAR 三维地表形变测量方法，包括 GNSS 观测约束、方向约束和模型约束的基本原理和应用实例；InSAR 三维地表形变测量的“三高”发展趋势。

本书可作为高等院校大地测量与遥感的研究生和高年级本科生学习 InSAR 技术及相关应用的教材，也可作为 InSAR 技术相关领域的教研人员和技术人员的参考用书。

图书在版编目(CIP)数据

InSAR 三维形变测量理论与应用 / 胡俊等著. —北京：科学出版社，2021.5
ISBN 978-7-03-068643-5

Ⅰ. ①I… Ⅱ. ①胡… Ⅲ. ①合成孔径雷达-雷达干涉-应用-地表-变形观测-研究 Ⅳ. ①P217

中国版本图书馆 CIP 数据核字（2021）第 072718 号

责任编辑：李晓娟 / 责任校对：樊雅琼
责任印制：吴兆东 / 封面设计：无极书装

科 学 出 版 社 出版
北京东黄城根北街 16 号
邮政编码：100717
http://www.sciencep.com

北京建宏印刷有限公司 印刷

科学出版社发行 各地新华书店经销

*

2021 年 5 月第 一 版 开本：720×1000 B5
2021 年11月第二次印刷 印张：12
字数：300 000

定价：128.00 元

（如有印装质量问题，我社负责调换）

前　言

星载合成孔径雷达干涉测量（InSAR）技术凭借其在空间分辨率（最高可达0.25m）和覆盖范围（最大可到十几万平方公里）上的空前优势，自诞生以来就吸引了大量地学界科学家的关注，经过近半个世纪硬件的不断升级和算法的持续迭代，已经成为一种不可或缺的研究地质灾害、全球变化的利器。

目前，InSAR 技术最成熟的应用是在地表形变监测领域，无论是地震、火山喷发、冰川漂移等自然灾害，还是滑坡、地面沉降等与人类活动相关的地质灾害，InSAR 都取得了成功的应用典范，展现出了其与众不同的魅力。但是，由于现有 SAR 卫星极轨飞行和侧视成像的配置，经典的 InSAR 差分相位观测值仅能获取地表在雷达视线方向（LOS）上的一维形变，不仅不能完整地反映出地表的真实三维形变，而且常常会引起对地质灾害解译的误判和错判。

因此，如何利用 InSAR 实现三维地表形变测量，已经成为制约 InSAR 技术发展和应用推广的主要“疼点”之一。要达到这一目的，本质上是要解决两大核心科学问题，一是如何实现多源 InSAR 信号的高效融合，二是如何充分利用观测对象的地学先验信息。从测量数据处理的角度而言，前者涉及函数模型和随机模型的建立，后者则可转换为模型秩亏或病态问题。因此，本书总结了作者近年来的研究成果，系统阐述了基于现代测量平差的 InSAR 三维地表形变测量的理论、方法与应用，旨在为典型地质灾害提供一整套新颖、可行的 InSAR 三维形变测量方案。

全书共分 6 章。第 1 章为绪论，主要介绍研究背景、国内外研究进展和本书的内容安排。第 2 章从 InSAR 一维形变测量方法入手，分别介绍了 D-InSAR 和 MT-InSAR 技术的基本原理、应用领域和实际案例，并且通过理论推导和实例分析阐述了 InSAR 一维 LOS 向形变的局限性。第 3 章介绍了 InSAR 二维形变测量方法，包括 POT 和 MAI 技术的基本原理、应用领域和实际案例，重点对比分析了两种技术在不同量级地表形变监测中的精度和适用性。第 4 章介绍了基于多源数据融合的 InSAR 三维形变测量方法，重点提出了基于地表应力应变的函数模型和基于方差分量估计的随机模型，并通过火山和地震监测实例分析了新方法的优势。第 5 章介绍了基于先验信息约束的 InSAR 三维形变测量方法，重点提出了 GNSS 观测约束、方向约束和模型约束的理论方法，并分别阐述了它们在断层蠕动、滑坡和地面沉降监测中的实际案例。第 6 章从高时间分辨率、高空间分辨率和高低轨融合等方面介绍了 InSAR 三维形变测量的发展趋势与挑战。

本书主要取材于作者承担的多项国家级和省级项目的科研成果，包括国家自然科学基金“基于动态平差理论的 InSAR 三维时序地表形变估计方法研究”（41674010）、“考虑观测值时空相关性的 InSAR 三维形变估计方法”（41404011）、“融合多平台 SAR 资料监测地表三维变形”（40774003）；国家重点研发计划课题“空天多源遥感数据融合的特大滑坡三维动态跟踪技术与系统研发”（2018YFC150501）；湖南省杰出青年基金“InSAR 三维形变测量”（2020JJ2043）等。本书中的部分工作是在香港理工大学丁晓利教授的指导下完成。作者的研究生们做了大量的数据处理和文字录入工作。在此一并表示衷心的感谢！

本书虽然是一本研究专著，但是在阐述 InSAR 三维形变测量的最新研究成果的同时，也介绍了常用的 InSAR 一维/二维/三维地表形变测量方法，并且对已有的理论与算法具有较好的继承性和兼容性。因此，本书适合于从事 InSAR 理论与应用相关领域的科研和技术人员参考，也适合于高等院校大地测量与遥感的研究生和高年级本科生阅读。由于作者水平和经验有限，书中难免有不足之处，恳请各位读者批评指正。

作者
2021 年 4 月

目　　录

第 1 章 绪　　论

1.1 研究背景

地质灾害给人类的经济生活带来了巨大的灾难，究其原因，绝大部分是由地表形变引起的，其中不仅有地震形变、地面沉降、火山运动、冰川漂移、山体滑坡等自然灾害，还有由工程开挖、地下水抽取、填海、爆破、弃土等引发的人为地质灾害。这些不可逆的地表形变已经成为影响区域经济和社会可持续发展的重要因素。例如，美国科罗拉多大学的研究报告指出，全球 33 个人口密集的大型三角洲中有 2/3 的地区面临着“地陷海升”的威胁，其中我国的长江三角洲、珠江三角洲及黄河三角洲都受到严重的地面沉陷的影响。“5・12”汶川大地震、“8・7”舟曲特大泥石流、山西襄汾“9・8”特别重大尾矿库溃坝事故等突发地质灾害均造成了巨大的人员伤亡和经济损失。因此，《国家中长期科学和技术发展规划纲要（2006—2020 年）》《国务院办公厅关于开展第一次全国自然灾害综合风险普查的通知》等国家相关文件均将地质灾害监测列为重点领域。

长期以来，地表形变的监测通常依靠水准测量和全球导航卫星系统（global navigation satellite system，GNSS）。水准测量受人力、物力和财力的限制，一般布点少，路线稀疏，监测周期长，时空分辨率都很低，已经难以满足现代防灾减灾对地表形变进行快速和大范围监测的需求。而 GNSS 技术虽然可以获取连续的地表形变监测结果，但其密度同样受限于昂贵的地面设备，目前世界上最密集的 GNSS 监测网是美国南加利福尼亚州的 SCIGN 网[1]和日本的 GEONET 网[2]，空间分辨率最高也只有 10 km。星载合成孔径雷达干涉测量（interferometric synthetic aperture radar，InSAR）技术是 20 世纪 70 年代发展起来的一种空间大地测量手段。1989 年，Gabriel 等[3]首次验证了 InSAR 技术测量地表形变的能力。凭借全天时、全天候、大范围（几百平方千米到十几万平方千米）、高精度（厘米到毫米级）和高空间分辨率（几十米到亚米级）的优势，InSAR 技术已经越来越得到专家学者的认可，并被广泛应用于监测地震[4]、火山运动[5]、山体滑坡[6]、冰川漂移[7]、板块运动[8]，以及由地下水抽取[9]、矿山开采[10]和填海[11]等引起的各种地表形变。

然而，InSAR 技术的应用和推广仍然受到至少三个方面的限制。首先，InSAR 测量的时间分辨率较低，取决于合成孔径雷达（synthetic aperture radar，SAR）卫星的重返周期；其次，InSAR 测量结果的精度受到时空失相干和大气延迟的制约[12,13]；最后，InSAR 只能获取地表形变在雷达视线（line-of-sight，LOS）向上的一维投影[14]。随着 SAR 传感器及载荷的改善和 InSAR 技术的发展，前两个限制已经得到了比较好的解决。例如，近年来发射的 SAR 卫星及卫星群，可以将 InSAR 测量的时间分辨率从 1 个月左右提高到几天甚至 1 天。而通过对时间序列上的多幅 SAR 影像进行联合分析，能够较好地抑制 InSAR 时空失相干和大气延迟的影响[15-21]。而对于第三个限制，即 InSAR 只能测量一维形变，难以反映地表的真实形变情况，虽然一直以来都是国内外众多专家学者的研究热点，而且近年来的研究也已经取得了一定的进展，但是其仍然是目前阻碍 InSAR 技术发展和推广应用的主要瓶颈之一。

为什么一维的 InSAR 形变测量值往往不能完全反映地表的真实形变？这是因为在现实中，地表的形变发生在三维空间框架下，即所谓的三维形变场。只有当地表的形变方向和 LOS 向完全一致时［图 1-1（a)］，InSAR 测量值才可以正好反映出地表的真实形变情况。而如果地表的形变方向和 LOS 向垂直［图 1-1（b)］，InSAR 就完全捕捉不到地表的形变。当然，上述是两种极致情况，一般情况下，地表的形变方向和 LOS 向会成任意角度［图 1-1（c）］，因此 InSAR 所获得的测量值只是地表真实的三维形变在 LOS 向上的一个投影。可见，如果想要重建地表的真实三维形变场，则至少需要三个不同方向的 InSAR 测量结果或等效的先验信息[14,22,23]。

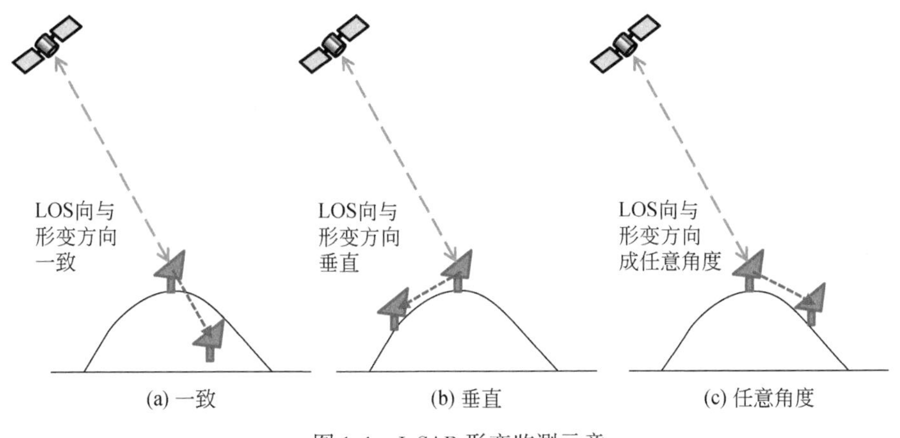

图 1-1　InSAR 形变监测示意

随着 InSAR 技术的逐渐成熟和被认可，已经有越来越多的 SAR 卫星被发射升空，因此我们可以获取同一地区不同卫星影像提供的 InSAR 形变监测结果，这给我们重建地表的真实三维形变场提供了一个良好的契机。然而，不同卫星提供的 SAR 数据的成像几何、时空分辨率以及雷达波长等都不尽相同。例如，Sentinel-1 卫星的 A、B 双星的重返周期为 6 天，空间分辨率约为 20 m，雷达波长为 5.6 cm；而 ALOS-2 卫星的 PALSAR-2 条带数据的时空分辨率则分别为 14 天和 3 m，并且是 L 波段数据（波长 23.6 cm）。因此，即使对于同一个观测对象，Sentinel-1 和 ALOS-2 卫星数据所得到的 InSAR 测量结果在时空尺度和测量精度等方面都存在显著差异。因此，如何尽可能地减少甚至利用不同卫星的 InSAR 测量结果之间的不一致性，实现多平台、多轨道和多时相 SAR 数据的高效融合，成为目前制约 InSAR 三维形变监测的一大难题。

另外，地质灾害观测对象的形态特征、地形地貌、地质构造、气象水文等都为其形变监测提供非常重要的先验信息。例如，对于浅层滑坡体而言，滑坡蠕动通常是沿着坡面平行下滑的，因此地形坡度数据可为滑坡方向提供重要约束。此外，地面观测提供的地质灾害监测资料本身也是一种重要的先验信息。例如，GNSS 获取的点状三维形变监测与 InSAR 获取的面状一维形变监测之间就具有良好的互补性。更重要的是，任何地质灾害引起的三维形变都蕴含着一定的动力学特征。例如，地壳运动引起的三维形变与应力应变之间通常存在某种函数关系，地下活动（如地下水开采、地下采矿、岩浆活动等）导致的垂直向形变梯度与水平向形变梯度之间则往往满足一定的比例关系。因此，如何充分利用地质灾害观测对象的地学先验信息，建立三维形变之间的内部联系，从而为 InSAR 三维形变测量模型提供可靠约束，是目前另一个亟待解决的难题。

测量平差是指一种在测量中对带有误差的观测数据进行调整以获得最接近真实值的最优解的方法。而在此基础上发展起来的现代测量平差，则以误差理论和经典测量平差为核心，在不同层面上扩充、发展形成新理论和新方法，从而实现未知参数的最优估计[24-26]。目前，现代测量平差理论与方法已经在“3S”及其集成的数据处理中得到了广泛的应用，并且取得了令人振奋的效果[27-30]。但是对于 InSAR 三维形变测量而言，现代测量平差仍然处于探索性研究阶段。因此，本书围绕两大核心科学问题，一是如何实现多源 InSAR 信号的高效融合；二是如何充分利用观测对象地学先验信息，开展基于现代测量平差的 InSAR 三维地表形变测量的理论、方法与应用研究。相关研究不仅可以突破目前 InSAR 的技术瓶颈，实现我国 InSAR 技术对国际水平的接轨甚至超越，还可以改善 InSAR 技术的实用性，为地质灾害的解译、预警和防治等提供科学依据，具有重要的理论意义和应用价值。

1.2 国内外研究现状

1.2.1 SAR 卫星平台的发展现状

SAR 诞生于 20 世纪中叶，作为微波遥感设备，它可以不受光照和云雾的影响，对地球表面及其覆盖物进行全天时、全天候的观测，基于这一系列的优势，SAR 被广泛地运用于环境、地质、海洋、农业、测绘及军事领域当中。在过去的半个多世纪里，受益于硬件技术的不断完备，SAR 也完成了从理论构想到实验验证，从机载平台到星载平台的跨越，并逐步向着高时空分辨率、多元化成像方式和多极化信号收发的方向发展。为了使读者可以对星载 SAR 平台的发展及如今的趋势有一个比较完整的了解，本节将简要地从历史 SAR 卫星和在轨 SAR 卫星两个方面对 SAR 卫星平台的发展进行介绍。

（1）历史 SAR 卫星

人类首次 SAR 卫星的尝试始于 1978 年，美国国家航空航天局（National Aeronautics and Space Administration，NASA）喷气推进实验室（Jet Propulsion Laboratory，JPL）主导发射了具备 SAR 成像能力的海洋卫星 SEASAT，该卫星以 HH 极化方式工作在 L 波段，虽然只在轨运行了三个月的时间，该卫星成功验证了微波遥感技术对海洋的监测能力，为未来 SAR 卫星任务的开展奠定了基础。随着硬件制造工艺的提高，SAR 卫星在 20 世纪 90 年代后开始迎来快速发展，欧洲、日本及加拿大等发达国家和地区相继根据自己的需求发射了首颗 SAR 卫星（表 1-1）。其中，加拿大的 RADARSAT-1 是首颗实验了多成像模式的 SAR 卫星，而欧洲的 ERS-1/2 卫星则实验了双星联合的运行模式。基于这一系列极具创新性的尝试，现今的 SAR 卫星系统当中也都保留了这些优势明显的观测特性。2000 年，NASA 联合多个国家的航天单位开展了 SRTM 测绘任务，该任务使用美国的航天飞机，利用“单发双收”的方式，获取全球 80% 以上地表的数字高程模型（digital elevation model，DEM），该数据自公开以来，就成为全球范围内被广泛使用的基础科研数据，极大地振奋了 SAR 技术的从业人员，扩展了 SAR 技术的应用面。

表 1-1 历史 SAR 卫星系统及主要参数

卫星/传感器	在轨时间	波段（极化）	成像模式（分辨率）	幅宽	国家/机构
SEASAT	1978 年	L（HH）	SM（25m）	100 km	美国/NASA
ERS-1/2	1991 ~ 2000 年/1995 ~ 2011 年	C（VV）	SM（30m）	100 km	欧洲/欧洲航天局（European Space Agency，ESA）
JERS-1	1992 ~ 1998 年	L（HH）	SM（18m）	75 km	日本/日本宇宙航空研究开发机构（Japan Aerospace Exploration Agency，JAXA）
RADARSAT-1	1995 ~ 2013 年	C（HH）	Fine（8m）	50 km	加拿大/加拿大标准协会（Canadian Standards Association，CSA）
			Standard（30m）	100 km	
			Scan（50 ~ 100m）	500 km	
SRTM	2000 年	C（HH+VV）+X（VV）	SM（30m）	225 km；50 km	美国/NASA；德国/德国宇航中心（Deutsches Zentrum Für Luft-und Raumfahrt，DLR）；意大利/意大利航天局（Agenzia Spaziale Italiana，ASI）
ENVISAT/ASAR	2002 ~ 2012 年	C（双极化）	AP（30m）	100 km	欧洲/ESA
			IM（30m）	100 km	
			WV（10m）	5 km	
			GM（1km）	400 km	
			WS（150m）	405 km	
ALOS/PALSAR	2006 ~ 2011 年	L（全极化）	SM（10m）	70 km	日本/JAXA
			Scan（100m）	350 km	

（2）在轨 SAR 卫星

21 世纪航天工业的发展也带动了 SAR 卫星的发展，进入 21 世纪以来，不断有新的 SAR 卫星入轨服役。为了满足不断增长的地球观测需求，SAR 卫星也逐渐往多星串联、广域覆盖、超高分辨率和多模式成像等方向发展。如表 1-2 所示，不难看出，广域覆盖是近年来 SAR 卫星发展的重点方向，除了小型卫星 ICEYE-X1/X2 之外，其他在轨卫星都具备了扫描成像模式以实现广域覆盖的需求，而 Sentinel-1 更是带来了全新的成像模式——逐行扫描模式（TOPS），以此实现广域地表观测的常规化运行。另外，所有的在轨 SAR 卫星均具备了多种成像模式，以此满足超高分辨率或者广域覆盖的需求。值得注意的是，除了 GF-3（高分 3 号）和 ALOS-2 卫星，目前在轨的 SAR 卫星基本采用了多星串联的运行方式，以此来提高 SAR 卫星的时间分辨率，实现对突发事件的快速响应。以 RADARSAT-2 为例，在串联了 RCM 形成星座后，可以实现最快 4 天一次的地面重访监测；而 COSMO-SkyMed 四星星座更可以在欧洲等重点监测区域实现不足 24 h 的快速重访。

表 1-2　在轨 SAR 卫星系统及主要参数

卫星/传感器	发射时间	波段（极化）	成像模式（分辨率）	幅宽	国家/机构
TerraSAR-X/TanDEM-X/Paz	2007 年/2010 年/2018 年	X（全极化）	ST SL（25cm）	5 km	德国/DLR；西班牙/国家航空航天技术研究所（Instituto National Técnica Aeroespacial, INTA）
			HR SL（1m）	10 km	
			SL（2m）	10 km	
			SM（3m）	35 km	
			Scan（26m）	100 km	
COSMO-SkyMed	2007 年	X（双极化）	SL（1m）	10 km	意大利/ASI
			SM（3m）	35 km	
			Scan（30m）	100 km	
ICEYE-X1/X2	2018 年	X（VV）	SL（1m）	5 km	芬兰/ICEYE
			SM（3m）	30 km	
RADARSAT-2/RCM	2007 年/2019 年	C（全极化）	SL（<1m）	8 km	加拿大/CSA
			UF（3m）	20 km	
			Fine（8m）	50 km	
			Standard（25m）	100 km	
			Scan（50～100m）	300～500km	

续表

卫星/传感器	发射时间	波段（极化）	成像模式（分辨率）	幅宽	国家/机构
Sentinel-1A/1B	2014 年/2016 年	C（双极化）	WV（5m×20m）	20 km	欧洲/ESA
			SM（5m）	80 km	
			IW（5m×20m）	250km	
			EW（20m×100m）	450km	
GF-3（高分 3 号）	2016 年	C（全极化）	ST（1m）	10 km	中国/中国航天科技集团有限公司（China Aerospace Science and Technology Corporation, CASC）
			UF（3m）	30 km	
			Standard（25m）	130 km	
			Scan（100m）	500 km	
ALOS-2/PALSAR-2	2014 年	L（全极化）	SL（1m）	25 km	日本/JAXA
			UF（3m）	50 km	
			Fine（10m）	70 km	
			Scan（60m）	490 km	
SAOCOM-1A/1B	2018 年/2020 年	L（双极化）	SM（<10m）	>40 km	阿根廷/国家空间活动委员会（Comisión Nacional de Actividades Espaciales, CONAE）
			TOPS（<30m）	>150 km	
Hisea-1（海丝一号）	2020 年	C（VV）	SL（1m）	5km	中国/长沙天仪空间科技研究院有限公司和中国电子科技集团公司第三十八研究所
			SM（3m）	20km	
			Narrow Scan（10m）	50km	
			Extra Scan（20m）	100km	

1.2.2 InSAR 三维形变测量方法的研究现状

为了实现高精度的地表形变监测，InSAR 技术经过 40 余年的发展，已经从传统的差分 InSAR（differential InSAR，D-InSAR）发展到了现在的多时相 InSAR（multi-temporal InSAR，MT-InSAR）。然而，无论是 D-InSAR还是 MT-InSAR 技术，均只能利用单一平台、单一轨道的 SAR 数据，因此仍然只能获得一个 LOS 向上的形变测量结果。如何将 InSAR 技术监测的一维形变拓展为三维形变，目前国际上已经有一些学者进行了探索性的研究，大致可以分为以下几类。

1. 多方向 InSAR

单个 InSAR 观测值仅能建立一个方程，无法求解三维形变（三个未知参数），因此，获取 InSAR 三维形变最直接的方式是融合多方向 InSAR 观测数据。Wright 等[14]在 2004 年提出多方向 InSAR 观测法，基于 RADARSAT-1 卫星获取阿拉斯加（Alaska）地震升降轨共五对 D-InSAR 影像对，结合最小二乘（least squares，LS）法计算出了该地震的同震三维形变场，在垂直、东西和南北方向上，监测误差分别为 4.1 cm、0.6 cm 和 28.6 cm，精度较差的南北向结果是由 SAR 卫星近南北的极轨飞行方式造成的。Gray[31]利用从 RADARSAT-2 卫星获取的三个不同 LOS 向的 D-InSAR 观测结果，重建了加拿大北部亨丽埃塔（Henrietta）Nesmith 冰川的三维运动场，精度相当理想。但是，该研究需要至少三个成像几何差异明显的 SAR 干涉对，而这种数据配置目前只局限于高纬度地区，对于大部分中低纬度地区难以适用。早在 2004 年，Wright 等[14]基于模拟实验论证了融合升降轨左右视数据进行三维形变监测的潜力。直到近几年，Morishita 等[32]利用 ALOS-2 升降轨左右视的 InSAR 观测数据成功获取了 2015 年樱岛（Sakurajima）火山爆发引起的三维形变场，东西向、南北向和垂直向地表形变精度分别为 0.8 cm、3.4 cm 和 0.7 cm。Liu 等[33]则利用 ALOS-2 升降轨左右视的数据获取了 2016 年日本鸟取中部地震的高精度三维形变场，并进行了断层滑移分布反演。然而，现阶段左视成像的 SAR 卫星数据寥寥无几，使得相关应用仅能局限在极少部分研究区域。

2. 融合 POT/MAI 方位向观测数据

鉴于 InSAR 观测值对南北向形变不敏感的问题，Michel 等[34]、Bechor 和 Zebker[35]分别在 1999 年、2006 年提出了像素偏移量跟踪（pixel offset tracking，POT）技术和多孔径 InSAR（multi-aperture InSAR，MAI）技术。其中，POT 技术利用主辅 SAR 影像的配准偏移量信息计算地表在 LOS 向和方位向（即卫星飞行方向，近南北向）上的形变信息，而 MAI 技术则是将全孔径 SAR 影像分为两个子孔径 SAR 影像，并利用子孔径 SAR 影像生成前视干涉图和后视干涉图，然后从前视干涉图、后视干涉图的相位差中提取地表在方位向上的形变信息。因此，基于升降轨数据，InSAR 和 POT/MAI 技术即可得到 4 个不同方向上的观测数据，足以重建三维形变。以下将结合不同的技术组合来阐述国内外研究现状。

（1）升降轨 InSAR+POT

Fialko 等[36]在 2001 年融合了升降轨 D-InSAR 的 LOS 向观测量和降轨 POT 的方位向观测量，获得了 1999 年的 Mw 7.1 级赫克托矿区（Hector Mine）地震的同震三维形变场。与 GPS 相比，垂直向、东西向和南北向的精度分别为 4.9 cm、5.9 cm 和 20.5 cm。由于南北向形变结果以 POT 观测量为主，而 POT 的测量精度一般只能达到 SAR 数据分辨率的 1/30～1/10（以 ERS 数据为例，其方位向测量精度大约为 13 cm），南北向的测量结果精度比其他两个方向明显偏差。随后，Fialko 等[37]、Funning 等[38]和 Hu 等[39]分别利用升降轨 D-InSAR 和 POT 观测量计算了 2003 年的 Mw 6.5 级巴姆（Bam）地震的同震三维形变场。

（2）升降轨 InSAR+MAI

相比于 POT 技术，MAI 技术利用了精度更高的相位信息，因此，该技术方位向形变的测量精度在相干性较高的地区要明显优于 POT 技术[40]。2009 年，Jung 等[41]对 MAI 技术进行了改进，消除了前视干涉图、后视干涉图的基线差所引起的误差。随后，Jung 等[42]利用最小二乘法结合 MAI 和 D-InSAR 技术成功地提取了夏威夷基拉韦厄（Kilauea）火山 2007 年喷发引起的地表三维形变场，垂直向、东西向和南北向误差分别为 2.14 cm、1.58 cm 和 3.62 cm。Gourmelen 等[43]则融合 D-InSAR 和 MAI 观测量计算出了冰岛朗格冰原（Langjökull）和霍夫斯冰原（Hofsjökull）冰盖的三维运动速率场。Hu 等[44]利用 InSAR 和 D-InSAR 技术获取了 2010 年新西兰达菲尔德（Darfield）地震的高精度三维形变场。

(3) 升降轨 POT

尽管 POT 的测量精度一般要低于 InSAR 和 MAI 的测量精度，但是该方法能够更好地抵抗时空失相干的影响，因此也常常被用来恢复大量级的三维形变场。Wang 等[45]利用 ENVISAT 卫星获取的升降轨 POT 的测量结果重建了 2005 年的 Mw 7.6 级克什米尔（Kashmir）地震的同震三维形变场。Michele 等[46]则利用 ALOS/PALSAR 升轨数据和 ENVISAT/ASAR 降轨数据分别计算了 POT 二维形变场，得到了 2008 年的 Mw 8.0 级汶川大地震在近场区域的同震三维形变场。Hamling 等[47]利用升降轨 Sentinel-1 数据获取了 2016 年新西兰凯库拉 Mw 7.8 级地震的完整三维地表场。POT 的测量精度取决于 SAR 数据的空间分辨率，因此更加适合于高分辨率的 TerraSAR-X 或 COMOS-SkyMed 等数据。Fallourd 等[48]就将该方法应用于 1 m 分辨率的 TerraSAR-X 升降轨数据，得到了 Mont- Blanc 地区的山岳冰川的三维运动场，精度较为理想。

3. 外部形变观测融合

POT/MAI 形变监测的精度较低，因此融合 POT/MAI 方位向观测数据的方法只能用于地震、火山喷发和冰川漂移等大型形变监测场景。对于地面沉降、断层活动、滑坡蠕动等缓慢形变，InSAR 则需要通过融合其他形变监测手段提供的观测信息实现三维形变监测。GNSS、UAVSAR 以及地基 SAR 的工作方式、成像几何、重访周期等与星载 SAR 均有较大差异，因此在一定条件下可以为 InSAR 提供优势互补的形变观测值，为解算高精度三维形变提供契机。以下将结合不同的数据组合来阐述国内外研究现状。

(1) InSAR+GNSS

GNSS 是目前最常用的三维形变监测技术，但是只能获得稀疏的 GNSS 地面站所在位置的测量结果。通过融合 InSAR 和 GNSS 资料，可以充分利用两者的优点，获取高分辨率的三维形变场。2002 年，Gudmundsson 等[49]首次提出融合D-InSAR和 GNSS 观测资料，利用模拟退火法重构了冰岛雷恰内斯半岛（Reykjanes Peninsula）地区的三维形变速率场。随后，Samsonov 等[50-51]则对 InSAR 和 GNSS 融合模型进行了优化，利用解析法计算出了美国南加利福尼亚州地区的三维形变速率场。罗海滨等[52]利用模拟数据验证了 InSAR 和 GNSS 融合监测三维形变的可行性和精度。Guglielmino 等[53]提出 SISTEM 方法，利用 InSAR 和 GNSS 结果同时估计出了 2003～2004 年埃特纳（Etna）火山的三维形变场和三维应力应变场。Catalao 等[54]则将 MT-InSAR 技术获取的高精度形变速率结果与 GNSS 融合，得到了亚速尔群岛（Azores Islands）地区的三维形变速率场。

（2）InSAR+UAVSAR/地基 SAR

UAVSAR/地基 SAR 数据与星载 SAR 数据均可以得到高空间分辨率的地表形变观测数据，但在成像几何、重访周期等方面，UAVSAR/地基 SAR 的灵活度更高，进而可以与星载 SAR 数据实现优势互补，为三维形变测量提供契机。Fielding 等[55]利用 NASA/JPL UAVSAR、ALOS-2 和 Sentinel-1 数据获取了加利福尼亚州中部马德溪（Mud Creek）滑坡的三维形变，揭示了该滑坡的形变时空变化特征及滑坡形变与降水等因子的关联关系。蔡建伟[56]利用地基 SAR 与星载 SAR 数据的成像几何互补特性，结合两种数据成功获取了澳门填海区的高精度三维形变结果。

4. 地表先验信息假设

从上述研究中可以看出，InSAR 三维形变监测研究需要至少三个以上不同方向的独立观测量。但是对于某些特殊的地表形变而言，如滑坡、冰川移动、矿山开采沉陷等，可以利用观测对象的先验信息来降低对 SAR 数据的苛刻要求。

（1）地表平行位移假设

Joughin 等[23]利用 D-InSAR 技术对格陵兰岛的赖德（Ryder）冰川展开了研究。他们在研究中假设冰川平行于地表运动，通过 DEM 数据得到的坡度信息建立了垂直向形变和水平向形变的函数关系，只利用升轨和降轨数据就得到了赖德冰川的三维运动速率场。Mohr 等[57] 利用同样的方法获取了斯托海峡（Storstrømmen）冰川的三维运动速率场，并通过实地的 GNSS 数据验证了该方法的可行性和精度。Kumar 等[58] 在地面平行运动的假设下，通过升降轨 ERS-1/2 数据得到的 D-InSAR测量结果计算了喜马拉雅冰川的三维运动速率。在朗格冰原和霍夫斯冰原冰盖的研究中，Gourmelen 等[43] 也证明了这种假设的可行性。在滑坡监测领域，地表平行位移假设也是常用的获取滑坡三维形变的方法之一。Sun 等[59] 基于 ALOS 和 ENVISAT 数据获取了甘肃舟曲地区的滑坡三维形变结果，为了解决不同数据集获取三维时序形变时时间不一致的问题。Samsonov 等[60] 提出了吉洪诺夫（Tikhonov）正则化的思想，利用升降轨 COSMO-SkyMed 数据，获取了 Funu 滑坡的三维动态时序形变结果。

（2）忽略南北向形变

InSAR 观测数据对南北向形变不敏感，所以当南北向形变不是非常显著时（如东西朝向的滑坡、南北走向的正逆断层），可以将该方向的形变假设为零，从而可以避免南北向形变结果的误差对其他两个方向上形变结果的影响。Samsonov 等[61] 在 2012 年提出了 MSBAS 方法，旨在融合多平台/多轨道 SAR 数据获取多维时序地表形变。然而，在现有 SAR 卫星数据的配置下，往往难以获取准确的南北向形变。基于此，Samsonov 等在忽略地表南北向形变的情况下成功获取了城市沉降[62]、火山区域[63]、油气储藏区域[64] 等的二维时序地表形变，为形变分析和机理解译提供了数据支撑。

（3）先验物理模型约束

众所周知，形变的发生是应力发生变化的结果。因此，如果能掌握地质灾害的物理力学模型，则可以帮助 InSAR 重建三维形变。以矿山开采沉陷为例，基于概率积分法可知，水平形变往往与垂直形变的梯度成正比例。基于此模型，Li 等[65] 利用一个 D-InSAR 观测值成功获取了钱营孜煤矿和徐州煤矿的三维形变，与实测数据对比发现，东西向、南北向和垂直向形变精度可达厘米级。基于地下流体模型，

Hu 等[66]基于一个 D-InSAR 观测值成功获取了 2007 年夏威夷基拉韦厄（Kilauea）火山活动的三维形变场及地下岩浆体积变化，东西向、南北向和垂直向形变精度分别为 8.2 mm、10.8 mm 和 12.7 mm。随后，Liu 等[67]将该模型应用于青海涩北气田地表形变监测，在获取长时序三维形变结果的同时，揭示了 2014 年 11 月～2017 年 7 月该地区的天然气开采量。此外，Song 等[68]基于D-InSAR观测值和少量 GNSS 观测数据，引入弹性位错模型成功获取了汶川地震的高精度三维形变场，为揭示断层运动的细节信息提供了数据支撑。

以上几类内容见表 1-3。

表 1-3　目前常用的 InSAR 三维形变监测方法

方法	优点	缺点	适用形变类型	部分研究实例
多方向 InSAR	垂直向、东西向和南北向形变解算精度都高	局限于高纬度地区或者需要左视数据	所有	Wright 等[14]；Gray[31]；Liu 等[33]
升降轨 InSAR+POT	垂直向和东西向形变解算精度高；只需要升轨和降轨数据	南北向形变解算精度较低；计算耗时	地震；火山喷发；冰川漂移	Fialko 等[36,37]；Funning 等[38]；Gray 等[40]；Gonzalez 等[69]
升降轨 InSAR+MAI	垂直向和东西向形变解算精度高；只需要升轨和降轨数据	南北向形变解算精度一般；容易失相干	地震；火山喷发；冰川漂移	Jung 等[42]；Gourmelen 等[43]
升降轨 POT	不容易失相干；只需要升轨和降轨数据	垂直向、东西向和南北向形变解算精度都较低；计算耗时	地震；火山喷发；冰川漂移	Wang 等[45]；Michele 等[46]；Hamling 等[47]；Fallourd 等[48]
InSAR+GNSS	垂直向、东西向和南北向形变解算精度都高；只需要一个轨道的数据	强烈依赖于 GNSS 台站的数量和分布	所有	Gudmundsson 等[49]；Samsonov 等[51]；Guglielmino 等[53,70]；Catalao 等[54]
InSAR+UAVSAR/地基 SAR	灵活度高；垂直、东西和南北方向形变的解算精度都高	UAVSAR/地基 SAR 较耗费人力物力、成本较高	所有	Fielding 等[55] 蔡建伟[56]

续表

方法	优点	缺点	适用形变类型	部分研究实例
地表平行位移假设	水平向形变解算精度高；只需要升轨和降轨数据	需要高精度的DEM；当垂直于地表的形变明显时无效	冰川漂移；滑坡	Joughin 等[23]；Mohr 等[57]；Kumar 等[58]；Gourmelen 等[43]
忽略南北向形变	只需要升轨和降轨数据	当南北向形变较大时，影响东西向和垂直向形变精度	所有	Samsonov 等[61-64]
先验物理模型约束	只需要单轨数据	需已知物理模型	地下开采；断层、火山	Li 等[65]；Hu 等[66]

1.3　本书内容与章节安排

由以上分析可知，目前主流的 InSAR 三维形变测量方法主要有 8 种，但是有些方法无法适用于所有类型的地质灾害监测，有些方法则受到数据和监测对象的强烈制约，因此需要根据监测对象和数据配置情况选择最为合适的方法。本书在系统性地分析现有 InSAR 三维形变测量研究的基础上，将现有方法归纳为两大类，一是基于多源数据融合的方法，二是利用先验信息约束的方法，并以现代测量平差的思想为研究突破口，分别针对这两大类方法开展深入研究，以期为后续相关研究提供参考和借鉴。全书共分为六章，研究内容与章节安排如下：

第 1 章，主要介绍了本书的研究背景和研究意义；综述了 SAR 卫星平台和 InSAR 三维形变测量领域的研究现状；概括了本书的主要研究内容。

第 2 章，论述了 D-InSAR 和 MT-InSAR 技术的一维 LOS 向形变测量原理与应用领域，并通过实际案例验证了这两种技术的可行性；在此基础上，分析了一维 LOS 向形变观测解算三维地表形变的局限性。

第 3 章，介绍了两种经典的 InSAR 二维形变测量方法，即 POT 和 MAI 技术，分别针对它们的基本原理、应用领域和实例分析进行了阐述；并通过夏威夷火山和新西兰地震的实例对比，分析了 POT 和 MAI 技术在面对不同量级地表形变时的监测能力。

第 4 章，研究了基于多源数据融合的 InSAR 三维形变测量方法。融合不同卫星、不同轨道的 InSAR 和 POT/MAI 测量值是目前针对地震、火山喷发、冰川漂移等大型地表形变监测的主要方法，其关键难题在于如何准确建立融合多源异质 InSAR 测量值的函数模型和随机模型。本书首先概述了目前经典的多源数据融合的函数模型，分析了该经典模型只能进行逐点解算、无法顾及邻近点之间关系的缺陷，进而研究并提出了基于地表应力应变的函数模型；其次介绍了目前常用的多源数据融合的随机模型计算方法（即定权方法），指出现有方法均计算的是先验方差，具有主观性强、结果不可靠的缺陷，进而研究并提出了基于方差分量估计（variance component estimation，VCE）的随机模型，实现了 InSAR 测量值方差的精确后验估计；最后通过模拟数据实验以及夏威夷火山和新西兰地震的真实应用案例开展了可行性分析与精度验证，重点比较了所提出方法相比经典方法的优势。

第 5 章，研究了基于先验信息约束的 InSAR 三维形变测量方法。地面沉降、断层滑移、滑坡蠕动等缓慢地表形变监测，往往只能依靠高精度的 LOS 向MT-InSAR测量值，因此难以解算可靠的三维地表形变(特别是南北向形变)。通过挖掘地表形变本身或者其载体的先验信息，可以为三维形变解算模型提供伪观测值，进而实现高精度的 InSAR 三维形变测量。本章首先研究了基于 GNSS 观测约束的 InSAR 三维形变测量方法，通过美国南加利福尼亚州断层蠕动监测应用实例验证了该方法的可行性和精度；其次研究了基于方向约束的 InSAR 三维形变测量方法，通过甘肃舟曲泄流坡监测实例展开了可行性分析；最后提出了基于地下流体模型约束的 InSAR 三维形变测量方法，通过青海涩北气田的开采沉降监测论证了该方法的优势和潜力。

第 6 章，总结了 InSAR 三维形变测量的发展趋势和挑战。结合当前 SAR 卫星的发展趋势，指出高时间分辨率、高空间分辨率和高低轨融合是 InSAR 三维形变测量方法三个主要发展方向，并详细分析了各个发展方向中的瓶颈问题以及可能的解决途径。

参 考 文 献

[1] Hudnut K, Bock Y, Galetzka J, et al. The southern California integrated GPS network (SCIGN). Proc. the 10th FIG Int. Symposium of Deformation Measurement, 2001: 129-148.

[2] Sagiya T. A decade of GEONET: 1994-2003-The continuous GPS observation in Japan and its impact on earthquake studies. Earth Planets and Space, 2004, 56: xxix-xli.

[3] Gabriel A K, Goldstein R M, Zebker H A. Mapping small elevation changes over large areas: Differential radar interferometry. Journal of Geophysical Research: Solid Earth, 1989, 94: 9183-9191.

[4] Massonnet D, Rossi M, Carmona C, et al. The Displacement Field of the Landers Earthquake Mapped by Radar Interferometry. Nature, 1993, 364: 138-142.

[5] Lu Z, Masterlark T, Dzurisin D. Interferometric synthetic aperture radar study of Okmok volcano, Alaska, 1992-2003: Magma supply dynamics and postemplacement lava flow deformation. Journal of Geophysical Research-Solid Earth, 2005, 110: B02403.

[6] Hilley G E, Burgmann R, Ferretti A, et al. Dynamics of slow-moving landslides from permanent scatterer analysis. Science, 2004, 304: 1952-1955.

[7] Goldstein R M, Engelhardt H, Kamb B, et al. Satellite Radar Interferometry for Monitoring Ice-Sheet Motion-Application to an Antarctic Ice Stream. Science, 1993, 262: 1525-1530.

[8] Bawden G W, Thatcher W, Stein R S, et al. Tectonic contraction across Los Angeles after removal of groundwater pumping effects. Nature, 2001, 412: 812-815.

[9] Bell J W, Amelung F, Ferretti A, et al. Permanent scatterer InSAR reveals seasonal and long-term aquifer-system response to groundwater pumping and artificial recharge. Water Resources Research, 2008, 44: W02407.

[10] Carnec C, Delacourt C. Three years of mining subsidence monitored by SAR interferometry, near Gardanne, France. Journal of Applied Geophysics, 2000, 43: 43-54.

[11] Ding X L, Liu G X, Li Z W, et al. Ground subsidence monitoring in Hong Kong with satellite SAR interferometry. Photogrammetric Engineering and Remote Sensing, 2004, 70: 1151-1156.

[12] Zebker H A, Villasenor J. Decorrelation in Interferometric Radar Echoes. IEEE Transactions on Geoscience and Remote Sensing, 1992, 30: 950-959.

[13] Hanssen R F, Weckwerth T M, Zebker H A, et al. High-resolution water vapor mapping from interferometric radar measurements. Science, 1999, 283: 1297-1299.

[14] Wright T J, Parsons B E, Lu Z. Toward mapping surface deformation in three dimensions using InSAR. Geophysical Research Letters, 2004, 31: L01607.

[15] Ferretti A, Prati C, Rocca F. Nonlinear subsidence rate estimation using permanent scatterers in differential SAR interferometry. IEEE Transactions on Geoscience and Remote Sensing, 2000, 38: 2202-2212.

[16] Ferretti A, Prati C, Rocca F. Permanent scatterers in SAR interferometry. IEEE Transactions on Geoscience and Remote Sensing, 2001, 39: 8-20.

[17] Berardino P, Fornaro G, Lanari R, et al. A new algorithm for surface deformation monitoring based on small baseline differential SAR interferograms. IEEE Transactions on Geoscience and Remote Sensing, 2002, 40: 2375-2383.

[18] Usai S. A least squares database approach for SAR interferometric data. IEEE Transactions on Geoscience and Remote Sensing, 2003, 41: 753-760.

[19] Hooper A, Segall P, Zebker H. Persistent scatterer interferometric synthetic aperture radar for crustal deformation analysis, with application to Volcan Alcedo. Journal of Geophysical Research-Solid Earth, 2007, 112: B07407.

[20] Zhang L, Ding X L, Lu Z. Modeling PSInSAR Time Series Without Phase Unwrapping. IEEE Transactions on Geoscience and Remote Sensing, 2011, 49: 547-556.

[21] Zhang L, Lu Z, Ding X L, et al. Mapping ground surface deformation using temporarily coherent point SAR interferometry: Application to Los Angeles Basin. Remote Sensing of Environment, 2012, 117: 429-439.

[22] Rocca F. 3D motion recovery from multiangle and/or left right interferometry, Proc. 3rd Int. Frascati: Workshop on ERS SAR, 2003.

[23] Joughin I R, Kwok R, Fahnestock M A. Interferometric estimation of three-dimensional ice-flow using ascending and descending passes. IEEE Transactions on Geoscience and Remote Sensing, 1998, 36: 25-37.

[24] 朱建军, 宋迎春. 现代测量平差与数据处理理论的进展. 工程勘察, 2009, 12: 1-5.

[25] 崔希璋, 於宗俦, 陶本藻, 等. 广义测量平差. 2 版. 武汉: 武汉大学出版社, 2001.

[26] 陶本藻. 现代平差模型及其应用. 南京信息工程大学学报: 自然科学版, 2009, 1: 27-31.

[27] Zhu J, Ding X, Chen Y. Maximum-likelihood ambiguity resolution based on Bayesian principle. Journal of Geodesy, 2001, 75: 175-187.

[28] Sahin M, Cross P A, Sellers P C. Variance Component Estimation Applied to Satellite Laser Ranging. Bulletin Geodesique, 1992, 66: 284-295.

[29] Yang Y X, Gao W G. An optimal adaptive Kalman filter. Journal of Geodesy, 2006, 80: 177-183.

[30] Li B F, Shen Y Z, Lou L Z. Efficient Estimation of Variance and Covariance Components: A

Case Study for GPS Stochastic Model Evaluation. IEEE Transactions on Geoscience and Remote Sensing, 2011, 49: 203-210.

[31] Gray L. Using multiple RADARSAT InSAR pairs to estimate a full three-dimensional solution for glacial ice movement. Geophysical Research Letters, 2011, 38: L05502.

[32] Morishita Y, Kobayashi T, Yarai H. Three-dimensional deformation mapping of a dike intrusion event in Sakurajima in 2015 by exploiting the right-and left-looking ALOS-2 InSAR. Geophysical Research Letters, 2016, 43: 4197-4204.

[33] Liu J, Hu J, Xu W, et al. Complete three-dimensional co-seismic deformation fields of the 2016 Central Tottori earthquake by integrating left- and right- looking InSAR with the improved SM-VCE method. Journal of Geophysical Research: Solid Earth, 2019, 124: 12099-12115.

[34] Michel R, Avouac J P, Taboury J. Measuring ground displacements from SAR amplitude images: Application to the Landers Earthquake. Geophysical Research Letters, 1999, 26: 875-878.

[35] Bechor N B D, Zebker H A. Measuring two- dimensional movements using a single InSAR pair. Geophysical Research Letters, 2006, 33: 275-303.

[36] Fialko Y, Simons M, Agnew D. The complete 3-D surface displacement field in the epicentral area of the 1999 M W 7. 1 Hector Mine Earthquake, California, from space geodetic observations. Geophysical Research Letters, 2001, 28: 3063-3066.

[37] Fialko Y, Sandwell D, Simons M, et al. Three-dimensional deformation caused by the Bam, Iran, earthquake and the origin of shallow slip deficit. Nature, 2005, 435: 295.

[38] Funning G J, Parsons B, Wright T J, et al. Surface displacements and source parameters of the 2003 Bam (Iran) earthquake from Envisat advanced synthetic aperture radar imagery. Journal of Geophysical Research: Solid Earth, 2005, 110: B09406.

[39] Hu J, Li Z, Zhu J, et al. Inferring three-dimensional surface displacement field by combining SAR interferometric phase and amplitude information of ascending and descending orbits. Science China Earth Sciences, 2010, 53: 550-560.

[40] Gray L, Joughin I, Tulaczyk S, et al. Evidence for subglacial water transport in the West Antarctic Ice Sheet through three-dimensional satellite radar interferometry. Geophysical Research Letters, 2005, 32 (3): 259-280.

[41] Jung H S, Won J S, Kim S W. An Improvement of the Performance of Multiple-Aperture SAR Interferometry (MAI). IEEE Transactions on Geoscience and Remote Sensing, 2009, 47: 2859-2869.

[42] Jung H S, Lu Z, Won J S, et al. Mapping Three-Dimensional Surface Deformation by Combining Multiple-Aperture Interferometry and Conventional Interferometry: Application to the June 2007

Eruption of Kilauea Volcano, Hawaii. IEEE Geoscience and Remote Sensing Letters, 2011, 8: 34-38.

[43] Gourmelen N, Kim S W, Shepherd A, et al. Ice velocity determined using conventional and multiple-aperture InSAR. Earth and Planetary Science Letters, 2011, 307: 156-160.

[44] Hu J, Li Z W, Ding X L, et al. 3D coseismic Displacement of 2010 Darfield, New Zealand earthquake estimated from multi- aperture InSAR and D-InSAR measurements. Journal of Geodesy, 2012, 86: 1029-1041.

[45] Wang H, Ge L L, Xu C J, et al. 3- D coseismic displacement field of the 2005 Kashmir earthquake inferred from satellite radar imagery. Earth Planets and Space, 2007, 59: 343-349.

[46] Michele M D, Raucoules D, de Sigoyer J, et al. Three-dimensional surface displacement of the 2008 May 12 Sichuan earthquake (China) derived from Synthetic Aperture Radar: evidence for rupture on a blind thrust. Geophysical Journal International, 2010, 183: 1097-1103.

[47] Hamling I J, Hreinsdóttir S, Clark K, et al. Complex multifault rupture during the 2016 Mw 7. 8 Kaikōura earthquake, New Zealand. Science, 2017, 356: 6334.

[48] Fallourd R, Vernier F, Yan Y, et al. Alpine glacier 3D displacement derived from ascending and de-scending TerraSAR-X images on Mont- Blanc test site. The 8th European Conference on Synthetic Aperture Radar (EUSAR), 2010: 1-4.

[49] Gudmundsson S, Sigmundsson F, Carstensen J M. Three-dimensional surface motion maps estimated from combined interferometric synthetic aperture radar and GPS data. Journal of Geophysical Research: Solid Earth, 2002, 107: 10. 1029/2001JB000283.

[50] Samsonov S, Tiampo K. Analytical optimization of a DInSAR and GPS dataset for derivation of three-dimensional surface motion. IEEE Geoscience and Remote Sensing Letters, 2006, 3: 107-111.

[51] Samsonov S, Tiampo K, Rundle J, et al. Application of DInSAR-GPS optimization for derivation of fine-scale surface motion maps of southern California. IEEE Transactions on Geoscience and Remote Sensing, 2007, 45: 512-521.

[52] 罗海滨, 何秀凤, 刘焱雄. 利用DInSAR和GPS综合方法估计地表3维形变速率. 测绘学报, 2008, 37 (2): 960-963.

[53] Guglielmino F, Nunnari G, Puglisi G, et al. Simultaneous and Integrated Strain Tensor Estimation From Geodetic and Satellite Deformation Measurements to Obtain Three-Dimensional Displacement Maps. IEEE Transactions on Geoscience and Remote Sensing, 2011, 49: 1815-1826.

[54] Catalao J, Nico G, Hanssen R, et al. Merging GPS and Atmospherically Corrected InSAR Data to Map 3- D Terrain Displacement Velocity. IEEE Transactions on Geoscience and Remote

Sensing, 2011, 49: 2354-2360.

[55] Fielding E J, Handwerger A L, Burgmann R, et al. Slow, fast, and post-collapse displacements of the Mud Creek landslide in California from UAVSAR and satellite SAR analysis. AGUFM, 2017, 2017: NH42A-02.

[56] 蔡建伟. 星载和地基干涉雷达联合获取填海区三维形变. 北京: 中国地质大学（北京）, 2018.

[57] Mohr J J, Reeh N, Madsen S N. Three-dimensional glacial flow and surface elevation measured with radar interferometry. Nature, 1998, 391: 273-276.

[58] Kumar V, Venkataramana G, Hogda K A. Glacier surface velocity estimation using SAR interferometry technique applying ascending and descending passes in Himalayas. International Journal of Applied Earth Observation and Geoinformation, 2011, 13: 545-551.

[59] Sun Q, Hu J, Zhang L, et al. Towards slow- moving landslide monitoring by integrating multi-sensor InSAR time series datasets: The Zhouqu case study, China. Remote Sensing, 2016, 8 (11): 908.

[60] Samsonov S, Dille A, Dewitte O, et al. Satellite interferometry for mapping surface deformation time series in one, two and three dimensions: A new method illustrated on a slow- moving landslide. Engineering Geology, 2020, 266: 105471.

[61] Samsonov S, D'oreye N. Multidimensional time-series analysis of ground deformation from multiple InSAR data sets applied to Virunga Volcanic Province. Geophysical Journal International, 2012, 191: 1095-1108.

[62] Samsonov S V, D'oreye N, González P J, et al. Rapidly accelerating subsidence in the Greater Vancouver region from two decades of ERS- ENVISAT- RADARSAT- 2 DInSAR measurements. Remote Sensing of Environment, 2014, 143: 180-191.

[63] Samsonov S V, Tiampo K F, Camacho A G, et al. Spatiotemporal analysis and interpretation of 1993—2013 ground deformation at Campi Flegrei, Italy, observed by advanced DInSAR. Geophysical Research Letters, 2014, 41: 6101-6108.

[64] Samsonov S, Czarnogorska M, White D. Satellite interferometry for high- precision detection of ground deformation at a carbon dioxide storage site. International Journal of Greenhouse Gas Control, 2015, 42: 188-199.

[65] Li Z W, Yang Z F, Zhu J J, et al. Retrieving three-dimensional displacement fields of mining areas from a single InSAR pair. Journal of Geodesy, 2015, 89: 17-32.

[66] Hu J, Ding X L, Zhang L, et al. Estimation of 3-D Surface Displacement Based on InSAR and Deformation Modeling. IEEE Transactions on Geoscience and Remote Sensing, 2017, 55: 2007-2016.

[67] Liu X, Hu J, Sun Q, et al. Deriving 3- D Time-Series Ground Deformations Induced by Underground Fluid Flows with InSAR: Case Study of Sebei Gas Fields, China. Remote Sensing, 2017, 9: 1129.

[68] Song X, Jiang Y, Shan X, et al. Deriving 3D coseismic deformation field by combining GPS and InSAR data based on the elastic dislocation model. International Journal of Applied Earth Observation and Geoinformation, 2017, 57: 104-112.

[69] Gonzalez P J, Fernandez J, Camacho A G. Coseismic Three-Dimensional Displacements Determined Using SAR Data: Theory and an Application Test. Pure and Applied Geophysics, 2009, 166: 1403-1424.

[70] Guglielmino F, Bignami C, Bonforte A, et al. Analysis of satellite and in situ ground deformation data integrated by the SISTEM approach: The April 3, 2010 earthquake along the Pernicana fault (Mt. Etna-Italy) case study. Earth and Planetary Science Letters, 2011, 312: 327-336.

第 2 章 InSAR 一维形变测量方法

2.1 D-InSAR 技术

2.1.1 D-InSAR 基本原理

InSAR 技术主要由两部分组成，即干涉方法和 SAR 系统。SAR 系统是一种主动发射电磁波的微波成像系统，能够获取二维平面内观测对象的复数信息，包括幅度和相位信息。幅度表示地球表面观测对象的电磁特性，相位可表示传感器与观测对象之间的距离。本节主要介绍星载重复轨道 InSAR 技术，其余的 InSAR 基本概念在参考文献［1］中有具体介绍。

关于重复轨道 InSAR 技术，假定获取了同一地区的不同时期的两景单视复数影像，同时这两景影像成像几何相似，那么可以通过配准并干涉获取一幅干涉图[1]。这幅干涉图上的每一个像素点表示地面对应分辨单元的干涉相位测量值，并且干涉相位中含有测量点与参考点之间的地表形变信息和高程信息。但是获取这两景 SAR 影像的时空差异会影响干涉相位，时空差异产生的噪声会干扰甚至掩盖有用的相位信号，所以每个测量点的干涉相位可由式（2-1）表示[2]：

$$\Delta\varphi_{\text{int}}=\left(-\frac{4\pi}{\lambda}\right)\cdot B_{\parallel}+\left(-\frac{4\pi}{\lambda}\right)\cdot\frac{B_{\perp}\varepsilon}{R_0\sin\theta}+\left(-\frac{4\pi}{\lambda}\right)\cdot d_{\text{los}}+\Delta\varphi_{\text{atmo}}+\Delta\varphi_{\text{noise}}+2\pi k \tag{2-1}$$

式中，λ 是雷达波长；R_0 是观测点与传感器之间的距离；θ 是雷达的局部入射角。$B_{\parallel}$ 和 $B_{\perp}$ 是平行基线和垂直基线，分别表示两次成像时传感器之间的基线 B 的平行和垂直分量。式（2-1）等号右起第一项表示平地相位分量，该分量由基线 B 引起。若不考虑地形起伏，该分量与像素位置呈函数关系，是一个系统性相位。右起第二项表示地形相位分量，这里 ε 是该观测点的高程。右起第三项表示形变相位分量，其中 d_{los} 表示 SAR 影像对成像期间的 LOS 向上的地表形变量，该值为正表示观测点相对参考点是朝向传感器运动，该值为负则表示观测点相对参考点是远离传感器运动。$\Delta\varphi_{atmo}$ 是大气延迟相位分量；$\Delta\varphi_{noise}$ 是失相干噪声分量。最后一项表示被缠绕的整周干涉相位，这里 k 是整周模糊度。

D-InSAR 技术的目的是要监测地表形变，即最终要获取的是式（2-1）中的 d_{los}，其他未知量需要解算出来或直接去除。如果高程 ε 和基线 B 的精度较高，那么地形相位分量和平地相位分量可以较为准确地估计出来，并且从干涉相位去除。通过对影像的多视处理和滤波可以抑制失相干噪声 $\Delta\varphi_{noise}$。通过二维空间解缠方法可以估计整周模糊度 k[3-5]。大气相位分量可以通过外部数据进行去除或者在气象条件较好情况下忽略不计。解决了其余未知量之后，地表形变量 d_{los} 就可以从干涉相位中解算出来[6]。图 2-1 表示 D-InSAR 技术的整体流程。值

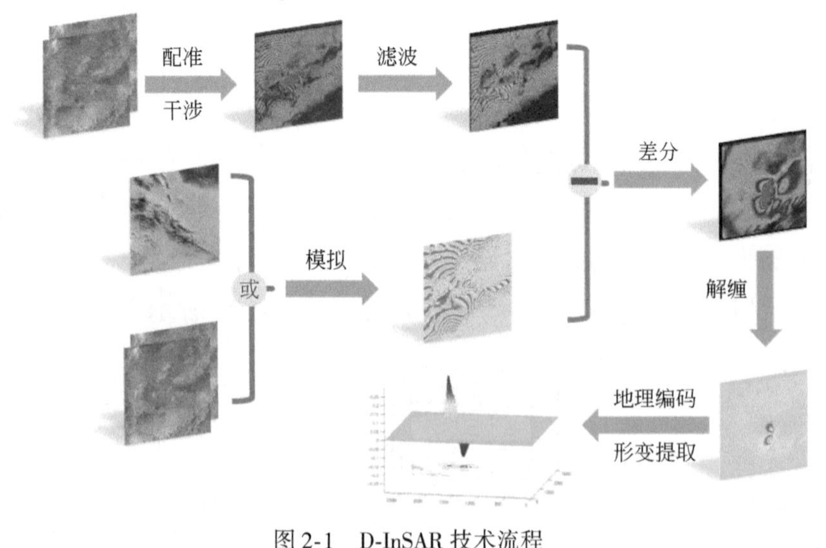

图 2-1　D-InSAR 技术流程

得一提的是，当地形相位通过外部 DEM 数据去除时，为二轨法；当地形相位通过其他 SAR 干涉对去除时，为三轨法或者四轨法。

2.1.2 D-InSAR 应用领域

理论上，D-InSAR 技术可用于获取任何场景下的地表形变，如地震、火山喷发、冰川漂移、滑坡、城市沉降、地下开采等。但是，对于小量级形变而言，D-InSAR形变观测极易受到失相干噪声和大气误差等因素影响，甚至无法得到有效形变结果。相比而言，D-InSAR 技术在地震、火山喷发和冰川漂移等大量级地表形变场景中的应用更为成功。

地震监测是 D-InSAR 技术应用最为成熟的领域之一。最早应用 D-InSAR技术进行地震形变监测的研究可以追溯到 1993 年，Massonnet 等[7]首次使用 InSAR 技术获取了 1992 年 Mw 7.2 的 Landers 地震的同震形变结果，相关成果作为封面文章发表在国际顶级期刊 *Nature* 上。自此之后，世界范围内数以百计的地震均利用 D-InSAR 技术开展了相关研究，同时，D-InSAR 的形变监测结果已经成为地震监测和震源反演的首选数据源[8]。例如，我国汶川大地震、日本本州岛地震、新西兰凯库拉地震等[9]，都利用 D-InSAR 技术获取了同震形变场，反演了震源参数，为震后救灾、地震破坏分析等提供了重要的科学依据。

对于火山监测，地下岩浆压力不同且不断剧烈运动，导致常有火山喷发事件发生，因此，常规地面测量方法（如水准、GNSS 等）难以监测火山地区的整体运动和历史发展情况。D-InSAR 技术通过处理卫星影像即可实现无接触的地表形变测量，较适合用于火山区域的地表形变监测。D-InSAR 技术在火山监测上的首次应用在 1995 年，Massonnet 等[10]从 12 个相干性较好的 ERS 干涉图中识别出了 1993 年意大利西西里埃特纳（Etna）火山喷发所产生的地表收缩信号。到目前为止，D-InSAR 技术已在全球上百座火山展开了地表形变监测工作[11]。基于 D-InSAR 的监测结果，我们可以监测到火山岩脉的旋转变化和岩脉入侵对应力场的改变情况[12]，从而可以准确了解到下次岩脉的几何形态和位置。同时，利用 D-InSAR 技术监测到明显的地表形变信号之后，可以进一步反演出火山岩浆囊的深度位置情况[13]，同时根据火山岩浆囊处的膨胀变化，可以进一步判定火山是否存在喷发的可能[14]。

在冰川监测方面，D-InSAR 技术相比其他常见遥感手段，其优势主要表现在可以穿透云雾天气，同时也不受冰川表面颜色的影响，已经逐步成为冰盖和山岳冰川监测的主要监测手段之一。而在冰川监测中，冰川流速对于研究物质平衡及冰川动力学而言是重要的基础参数。1993 年，Goldstein 等[15]首次利用D-InSAR技术获取了南极 Rutford 冰川的流速结果。自此之后，在南极大陆[16]、北极格陵兰岛[17]和青藏高原地区[18]都有学者利用 D-InSAR 技术获取了冰川流速。除了获取冰川的流速信息之外，基于 D-InSAR 的相干性信息，还可以获取冰川的边界。Meyer 等[19]利用 L 波段 SAR 数据的相干性信息，获取了北极入海冰川陆上的部分边界信息，扩展了 D-InSAR 技术在冰川监测中的应用。

2.1.3 D-InSAR 实例分析

2010 年 4 月 14 日，青海玉树发生了 Mw 7.1 级地震，造成了巨大的人员伤亡和经济损失。本次实验采用玉树地震前后获取的 2 景 ALOS 卫星的 PALSAR 数据，研究玉树地震的同震形变场，PALSAR 数据为 L 波段数据，因此比 ENVISAT 等卫星提供的 C 波段数据更能抵抗时空失相干的影响，特别适合于地震引发的地表形变监测。

本次实验采用的是二轨差分干涉处理，以获取玉树地震在雷达 LOS 向的地表形变。其中，干涉图中的地形相位分量采用 90 m 分辨率的 SRTM 数据去除。如图 2-2（a）所示，玉树地震在相位图上形成了几条清晰的干涉条纹，其中一个条纹代表 11.8 cm 的位移。图 2-2（b）则显示了 LOS 向的同震形变场。黑色方形区域代表解缠起始点所在区域，由于该区域远离发震位置，可以假设该区域没有形变。黑线代表根据 LOS 向形变图勾勒出的地表破裂带所在位置。可以看出，玉树地震在地表破裂带两边造成了幅度类似、方向相反的地表形变，即地表破裂带北部的地表向靠近卫星传感器的方向运动，而南部的地表则向远离卫星传感器的方向运动。图 2-2（c）给出的则是玉树地震的相干图，其中越接近“1”的区域代表相干性越好，“0”则代表该区域完全失相干。

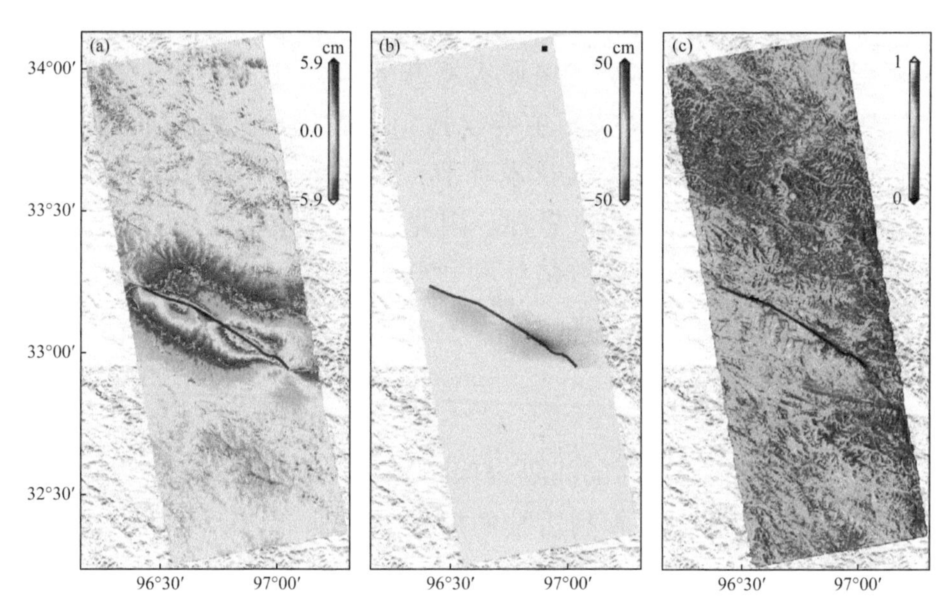

图 2-2　玉树地震的同震干涉相位图（a）、LOS 向的形变图（b）、相干图（c）

2.2　MT-InSAR 技术

2.2.1　MT-InSAR 基本原理

自 2000 年起，MT-InSAR 技术就在 D-InSAR 技术的基础上应运而生，一系列算法相继提出，并不断发展成熟，如永久散射体（persistrent scatterer，PS）[20]、短基线集（small baseline subsets，SBAS）[21]、斯坦

福大学 PS 法（Stanford method for Persistent Scatterer，StaMPS）[22]、时域相干点（temporarily coherent point，TCP）[23]法、干涉点目标分析（interferometric point target analysis，IPTA）法[24]、累积干涉纹图法（Stacking）、时空解缠网络（spatio-temporal unwrapping network，STUN）[25]法、分布式散射体（SqueeSAR）等。MT-InSAR 技术通过对同一轨道上 SAR 时序影像进行联合处理，不仅能够有效抑制失相干噪声、大气延迟、高程残余等相关误差，而且能够提取形变在时间上的发展历程，因此该技术在地质灾害普查、监测、预警中都可以发挥重要作用。MT-InSAR 技术主要包括相干点目标选取、形变参数估计和大气误差改正三大关键技术环节，相关环节的数据处理水平直接决定了形变监测结果的可靠性。因此，本节将重点介绍 MT-InSAR 相干点目标选取、形变参数估计和大气误差改正的国际主流方法的基本原理。

1. 相干点目标选取

相干点是指在一定时间间隔内保持相位稳定的散射体。选取的相干点的质量和密度直接影响后续的形变参数估计，所以在 MT-InSAR 中占据非常重要的地位。本书介绍以下四种国际上主流的相干点目标选取方法。

（1）相干系数阈值

相干性是评估干涉图质量的一个很好的指标。两个均值为零的复数信号 S_1 和 S_2 的复数相干性定义为

$$\gamma=\frac{E(S_1S_2^*)}{\sqrt{E(|S_1|^2)E(|S_2|^2)}} \tag{2-2}$$

式中，$E(x)$ 表示 x 的期望值；$*$ 表示共轭矩阵。在实际操作中，可以在采样窗口 $m\times n$（距离向×方位向）内对相干性幅值 $|\hat{\gamma}|$ 进行最大似然估计：

$$
|\hat{\gamma}| = \frac{\left| \sum_{i=1,\ j=1}^{m,\ n} S_1(i,\ j) S_2^*(i,\ j) \right|}{\sqrt{\sum_{i=1,\ j=1}^{m,\ n} S_1(i,\ j) S_1^*(i,\ j) \sum_{i=1,\ j=1}^{m,\ n} S_2(i,\ j) S_2^*(i,\ j)}} \tag{2-3}
$$

相干性准则多用于 SBAS 等技术中[26]。在去除地形和平地相位之后，估计干涉图中每一个像素的$|\hat{\gamma}|$，并计算平均相干系数：

$$
\gamma_{\text{mean}} = \frac{1}{N} \cdot \sum_{i=0}^{N-1} |\hat{\gamma}_t| \tag{2-4}
$$

式中，N 是干涉图的数量。超过平均相干系数阈值的像素则被选定为相干点。这里需要注意，窗口尺寸对相干性估计结果有直接影响：一方面，窗口越大其估计结果越可靠，但分辨率越低，容易导致某些有效却孤立的相干点不能够被准确检测到，而靠近真实相干点附近的非稳定的目标体又有可能被错误地判定为有效相干点；另一方面，窗口越小其估计结果相对可靠性越低，很难保证其选取的相干点的有效性以及后续利用这些相干点进行差分干涉结果的精度。

（2）振幅离差指数

振幅离差指数是由 Ferretti 等[20]在 PS 方法中首次提出。该方法利用振幅离差与相位标准偏差在时间序列上的统计特性关系，即在高信噪比的情况下，振幅离差 D_{A} 与相位标准偏差 σ_{φ} 近似相等，从而利用振幅离差指数进行相干点目标的提取。振幅离差指数可以用式（2-5）表示：

$$
\sigma_{\varphi} \simeq \frac{\sigma_{\text{A}}}{m_{\text{A}}} = D_{\text{A}} \tag{2-5}
$$

式中，m_{A} 和 σ_{A} 分别是像素的振幅时域平均值和标准偏差。对于足够多的 SAR 影像（一般大于 30 景），当像素点振幅离差指数的值低于某一阈值（如 0.25）时，将其选为 PS 候选点。与相干系数阈值相比，振幅离差指数针对单个像素点进行评估，无须在一个估计窗口中对数据进行空间平均，因此能够保持 SAR 数据的原始空间分辨率。

（3）相位稳定性分析

在非城市区域，散射体的信噪比通常较低，为了能够在这些区域获取足够密度的相干点，Hooper 和 Zebker[25] 提出了一种基于相位稳定性分析的选点方法。该方法首先通过振幅离差 D_A 来选择初始 PS 点，用以降低相干像素的初始数目。为了使所选取的像素尽可能包含所有的相干点，设置的振幅离差指数阈值相比 Ferretti 等[20] 方法中要高一些，一般为0.4。然后对相邻的 PS 候选点的相位观测值求平均，假定地形残差在空间上为高频信号的前提下，利用平均后的残余相位即可估计中心像素的地形残差值。随后在原始干涉相位中减去空间平均相位和地形残差相位，利用式（2-6）来表示该像素点的相位稳定性：

$$\gamma_x = \frac{1}{N}\left|\sum_{i=1}^{N}\exp\{j(\phi_{\text{int},x,i} - \bar{\phi}_{\text{int},x,i} - \Delta\hat{\phi}_{\varepsilon,x,i})\}\right| \tag{2-6}$$

式中，N 是干涉图的数量；$\phi_{\text{int},x,i}$是第 i 幅干涉图的差分相位；$\bar{\phi}_{\text{int},x,i}$是以像素 x 为圆心、L 为半径的圆形块内所有 PS 候选点的平均相位值；$\Delta\hat{\phi}_{\varepsilon,x,i}$是估计的由 DEM 误差贡献的相位分量。利用概率方式假定相位稳定性低于某一阈值 γ^* 的像素即非 PS 点。随后 Hooper 又结合 PS 和 SBAS 方法的优势，不仅选取 PS 点，还选取缓慢失相关滤波像素（slowly-decorrelating filtered phase，SDFP），以充分提高相干点目标的密度和精度。SDFP 点的最终选取和 PS 点选取过程一样，但是用振幅离差差值来进行初始选点，该指标能够更好地对频谱滤波之后的 SDFP 点目标进行相位稳定性估计。

（4）偏移量估计

Zhang 等[23] 提出采用偏移量估计算法来识别和选取 TCP。TCP 即在部分干涉对中保持相干性的散射体，是基于散射体的偏移量空间特性来进行选取的。TCP 的优点在于不需要在整个观测区间内保持相干性。

为了增加选点的效率，首先会根据主影像的频谱稳定特征来选取相干点的候选点，在这个程序上通常会采取相对较高的阈值以保证获得大量的候选点；然后在进行两幅影像对相干性估计上，通过改变配准窗口的尺寸以及过采样因子的大小来进一步对候选点进行再次判定。相比均匀散射体，点目标的配准偏移量对窗口大小和过采样因子更不敏感。每个 TCP 候选点窗口尺寸由 5 像素×5 像素到 125 像素×125 像素变化获取一组偏移量向量 $\mathbf{OT}_j$，将偏移量标准方差 $\mathrm{SD}(\mathbf{OT}_j)$ 小于 0.1 的像素认为是 TCP：

$$\mathbf{OT}_j = [\mathrm{ot}_j^1 \quad \mathrm{ot}_j^2 \quad \cdots \quad \mathrm{ot}_j^N] \tag{2-7}$$

$$\mathrm{SD}(\mathbf{OT}_j) < 0.1 \tag{2-8}$$

偏移量标准方差不满足上式的候选点则被剔除。因此，仅需两景 SAR 影像就可以选取出 TCP。在利用多个干涉对来提取形变信息时，先在每个干涉对上选取各自的 TCP 集合，然后选取所有干涉对中公共的 TCP 集合作为后续相位分析的对象。

2. 形变参数估计

在选取了相干点目标之后，我们将对这些相干点的形变参数进行估计。InSAR 相位是缠绕的，因此 MT-InSAR 形变参数解算的关键就是如何解决或避免相位模糊度问题。目前已有一些行之有效的参数估计方法，下面介绍国际上常用的五种方法。

（1）最小二乘法

最小二乘法是目前最为简单也最为常用的 MT-InSAR 参数解算方法。由于需要利用二维相位解缠方法对干涉图进行预先的空间解缠，该方法多被以多视且时空基线较短的干涉图为对象的 MT-InSAR 技术所采用，如 SBAS 方法[21]。

第 j 个干涉图上的第 x 个相干点的非缠绕干涉相位 $\delta\phi_j(x)$ 可以建立如下方程：

$$\delta\phi_j(x) = \boldsymbol{B}_j P(x) + \delta N_j(x) \tag{2-9}$$

式中，$P(x) = [d_{\mathrm{LP}}(x), \ \varepsilon_z(x)]^{\mathrm{T}}$ 是待估的参数，其中 $d_{\mathrm{LP}}(x)$ 是第 x 个相干点上可以被模型化的低通形变，如线性、季节性形变等，$\varepsilon_z(x)$ 是第 x 个相干点的地形残差；$\boldsymbol{B}_j$ 是设计矩阵，其元素为与待估参数相关的系数；$\delta N_j(x)$ 是残余相位，包括不能被模型化的高通形变、大气延迟等。假设有 M 个干涉图，式（2-9）可以组成一个带有 M 个方程和 $n+1$ 个未知数的模型［n 取决于 $d_{\mathrm{LP}}(x)$ 采用的模型复杂程度，如线性模型时 $n=1$］，当 $M \geqslant n+1$ 时，就可以利用最小二乘法进行模型解算。

随后从未解缠的干涉图中减去估计出的低通形变 $d_{\mathrm{LP}}(x)$ 和 DEM 残差 $\Delta z(x)$，由于条纹率极大的减少，干涉图解缠精度会进一步提高，解缠后再将低通形变 $d_{\mathrm{LP}}(x)$ 加回到干涉图中，此时第 j 个干涉图上的第 x 个相干点的干涉相位为

$$\delta\phi_j'(x) = \sum_{k=\mathrm{IS}_j+1}^{\mathrm{IE}_j} \frac{4\pi}{\lambda}(t_k - t_{k-1})v_k(x) + \delta N_j'(x), \quad \forall j = 1, \cdots, M \tag{2-10}$$

式中，t 是成像时间；IE 和 IS 分别是 SAR 影像主影像和从影像；$v_k(x)$ 是相邻 SAR 影像获取时刻之间的地表形变平均速率；$\delta N_j'(x)$ 是包含大气延迟、相位噪声的残余相位。同样，式（2-10）也可以组成一个带有 M 个方程和 $N-1$ 个未知数的模型（N 为 SAR 影像的个数），当 $M \geqslant N-1$ 时，就可以利用最小二乘法进行参数估计。但值得注意的是，当所用的干涉图不在同一个数据集时，模型的设计矩阵呈现秩亏，目前都基本采用奇异值分解（singular value decomposition，SVD）的方法来克服这一缺陷。最后对所估计的形变平均速率 $v_k(x)$ 进行时间积分，得到地表形变时间序列结果。

（2）解空间搜索法

多视是降低干涉图噪声的有效方法，但与此同时也牺牲了干涉图的空间分辨率。因此，以 PS 为代表的 MT-InSAR 技术为了不损失空间分辨率，采用单视干涉图作为分析对象[20]。此时需要直接利用缠绕的干涉图来进行参数估计。

假设第 j 个干涉图中两个邻近的相干点为 x 和 y，连接它们的弧段上的相位差可以表示为

$$\Delta\phi_j(x,y)=w\left(\frac{4\pi}{\lambda}t_j\Delta v(x,y)+\frac{4\pi}{\lambda}\frac{B_{\perp}}{R\sin\theta}\Delta z(x,y)+\Delta\overline{\omega}_j(x,y)\right) \tag{2-11}$$

式中，$w(\cdot)$ 是缠绕算子；$\Delta v(x,\ y)$ 和 $\Delta z(x,\ y)$ 分别是相干点 x 和 y 之间的形变速率之差和 DEM 残差之差；$B_{\perp}$ 是垂直基线；R 和 θ 分别是雷达斜距和入射角；$\Delta\overline{\omega}_j(x,\ y)$ 是残余相位之差，邻近相干点的大气特征、非线性形变等一般没有明显差异，因此解空间搜索法假设

$$|\Delta\overline{\omega}_j|<\pi \tag{2-12}$$

此时可以将复数总体相干系数的绝对值作为参数估计的可靠标准：

$$\hat{\gamma}_{x,\ y}=\left|\frac{1}{M}\sum_{i=1}^{M}\mathrm{e}^{j\Delta\bar{\omega}_j}\right| \tag{2-13}$$

$\hat{\gamma}_{x,y}$的取值范围为［0，1］，$\hat{\gamma}_{x,y}$越高，其对应的 $\Delta v(x,\ y)$ 和 $\Delta z(x,\ y)$的估值就越可靠。在实际解算中，首先设定 $\Delta v(x,\ y)$ 和 $\Delta z(x,\ y)$的取值范围和步长，然后在一个二维解空间里计算每一组解所对应的 $\hat{\gamma}_{x,y}$，随后记录下 $\hat{\gamma}_{x,y}$的最大值及其所对应的解。为了保证解的精度，通常会将 $\hat{\gamma}_{x,y}$低于某一阈值的弧段舍弃，Ferretti 等建议阈值取 0.75。最后通过假设一个参考点将弧段上的解积分到所有相干点上，得到所有相干点的形变速率和 DEM 残差结果。

（3）LAMBDA 方法

LAMBDA（least squares ambiguity decorrelation adjustment）方法是国际上一种常用的 GPS 相位模糊度解算的方法，2004 年由 Kampes 和 Hanssen[22]首次引入到 InSAR 当中。与解空间搜索法不同的是，LAMBDA 方法在参数估计的同时，可以得到干涉相位的整周模糊度结果。

假设有 M 个干涉图，则任意弧段上的干涉相位可以写成

$$\boldsymbol{y}_1=\boldsymbol{A}_1a+\boldsymbol{B}_1b+\xi_1 \tag{2-14}$$

式中，$\boldsymbol{y}_1=[\Delta\phi_1\quad\Delta\phi_2\quad\cdots\quad\Delta\phi_M]^{\mathrm{T}}$，$\Delta\phi_j$ 为第 j 个干涉相位；$a=[\Delta k_1\quad\Delta k_2\quad\cdots\quad\Delta k_M]^{\mathrm{T}}$，$\Delta k_j$ 为第 j 个干涉相位中的整周模糊度；$b=[\Delta v$

$\Delta z]^{\mathrm{T}}$ 是待求参数；ξ_1 是残余相位；且

$$\boldsymbol{A}_1=\begin{bmatrix}-2\pi & & \\ & \ddots & \\ & & -2\pi\end{bmatrix};\ \boldsymbol{B}_1=\begin{bmatrix}t_1 & \beta_1\\ \vdots & \vdots\\ t_M & \beta_M\end{bmatrix} \tag{2-15}$$

可以看出，该模型的观测量有 M 个，而未知参数则有 $M+2$ 个，因此是一个欠定问题。Kampes 和 Hanssen[22] 提出引入伪观测来增加约束：

$$\boldsymbol{y}_2=\boldsymbol{A}_2a+\boldsymbol{B}_2b+\xi_2 \tag{2-16}$$

式中，$\boldsymbol{y}_2=0$ 是伪观测矩阵；$\boldsymbol{A}_2$ 是一个 $2\times N$ 的零矩阵；$\boldsymbol{B}_2$ 是一个 2×2 的单位矩阵。合并式（2-14）和式（2-16），则有

$$\boldsymbol{y}=\boldsymbol{A}a+\boldsymbol{B}b+\boldsymbol{\xi} \tag{2-17}$$

其中

$$\boldsymbol{y}=\begin{bmatrix}y_1\\ y_2\end{bmatrix};\boldsymbol{A}=\begin{bmatrix}A_1\\ A_2\end{bmatrix};\boldsymbol{B}=\begin{bmatrix}B_1\\ B_2\end{bmatrix};\boldsymbol{\xi}=\begin{bmatrix}\xi_1\\ \xi_2\end{bmatrix};\boldsymbol{Q}_y=\begin{bmatrix}Q_{y_1} & 0\\ 0 & Q_{y_2}\end{bmatrix} \tag{2-18}$$

$\boldsymbol{Q}_y$ 代表观测量的方差–协方差阵，其中 Q_{y_1} 和 Q_{y_2} 分别代表干涉相位和伪观测的方差–协方差阵。

在式（2-17）中，a 和 b 是待估的参数，其中 a 为整数。LAMBDA 方法首先利用最小二乘得到该公式的浮点解 $\hat{a}$ 和 $\hat{b}$，其次构建模糊度转换模型 Z^*，对整周模糊度进行转换，以实现去相关，再次对转换后的模糊度进行优化和逆转换，得到其整数解 $\breve{a}$，最后根据已知的整周模糊度结果计算形变和 DEM 残差最终解：

$$\breve{b}=\hat{b}-Q^*_{\hat{a},\hat{b}}Q^{-1}_{\hat{a}}(\hat{a}-\breve{a}) \tag{2-19}$$

（4）三维解缠法

传统的 InSAR 相位解缠方法都是在单个干涉图中执行，只考虑了相位在二维空间上的联系。但在二维空间上，相邻相位组成的网状结构往往是不连续的，即树状结构，因此会在不连续的地方出现残差点，而该点周边的相位则会出现跳变。Hooper 和 Zebker[25] 利用时间序列上

得到的多个干涉图提出，在二维层次上加上时间维，形成三维相位空间，从而将参数解算问题转化成一个三维解缠问题。

一个二维相位解缠问题可以描述为以下目标函数：

$$\min\left(\sum_{i,j} w_{i,j}^{x}\left|\Delta\phi_{i,j}^{x}-\Delta\psi_{i,j}^{x}\right|^{p}+\sum_{i,j} w_{i,j}^{y}\left|\Delta\phi_{i,j}^{y}-\Delta\psi_{i,j}^{y}\right|^{p}\right) \tag{2-20}$$

式中，min(·) 是最小化算子；$\Delta\phi$ 和 $\Delta\psi$ 分别是非缠绕和缠绕的相位差；w 是权重。可以看出，积分过程分别在 x 和 y 方向上进行。这也是最小费用流方法中所用到的 P 范目标函数。该目标函数可以拓展到三维空间中，形式如下：

$$\min\left(\sum_{i,j,k} w_{i,j,k}^{x}\left|\Delta\phi_{i,j,k}^{x}-\Delta\psi_{i,j,k}^{x}\right|^{p}+\sum_{i,j,k} w_{i,j,k}^{y}\left|\Delta\phi_{i,j,k}^{y}-\Delta\psi_{i,j,k}^{y}\right|^{p}+\sum_{i,j,k} w_{i,j,k}^{z}\left|\Delta\phi_{i,j,k}^{z}-\Delta\psi_{i,j,k}^{z}\right|^{p}\right) \tag{2-21}$$

式中，$\Delta\phi^{z}$ 和 $\Delta\psi^{z}$ 分别是时间维上的非缠绕和缠绕的相位差，积分过程也拓展到了 z 方向。传统的 P 范（P=0，1，2）目标函数方法已经不能用于解决这个三维问题。

针对这一难题，Hooper 和 Zebker[25] 首先发展了一种准无穷范三维法则，该方法可以有效地实现三维解缠，但前提是所用的数据集中不包含多重离散曲面。为了避免该情况出现导致解缠不成功，Hooper 和 Zebker[25] 还提供了一种逐步三维法则，即首先在时间维上进行相位解缠，然后再利用已有的二维解缠方法在空间维上进行解缠。

（5）模糊度探测法

Zhang 等[23] 在研究中发现，如果提取的相干点密度足够高的话，绝大多数的弧段是没有相位模糊度的，即使有少量弧段包含模糊度，这些弧段也可以通过粗差探测的方式进行识别和剔除。

假设有 M 个干涉图，则可以列出 M 个观测方程，可写成如下矩阵形式：

$$\Delta\boldsymbol{\Phi}=\boldsymbol{A}\cdot\Delta\boldsymbol{X}_{x,y}+\boldsymbol{W} \tag{2-22}$$

式中，$\Delta\boldsymbol{\Phi}$ 是 $M\times1$ 观测向量矩阵；$\boldsymbol{A}$ 是 $M\times N$ 设计矩阵；$\Delta\boldsymbol{X}_{x,y}$ 是 $N\times1$ 待估参数矩阵，包含线性形变和 DEM 残差；$\boldsymbol{W}$ 是 $M\times1$ 残余向量矩阵。因此，$\Delta\boldsymbol{X}_{x,y}$ 可以通过最小二乘法解出，如下所示：

$$\Delta\hat{\boldsymbol{X}}_{x,y}=(\boldsymbol{A}^{\mathrm{T}}\boldsymbol{P}^{dd}\boldsymbol{A})^{-1}\boldsymbol{A}^{\mathrm{T}}\boldsymbol{P}^{dd}\Delta\boldsymbol{\Phi} \tag{2-23}$$

其中，$\hat{\cdot}$ 表示估值；$\boldsymbol{P}^{dd}$ 为先验权矩阵。需要注意，当 $M<N$ 时，$\boldsymbol{A}^{\mathrm{T}}\boldsymbol{P}^{dd}\boldsymbol{A}$ 会出现奇异，需要利用奇异值分解获得矩阵的伪逆，即 $(\boldsymbol{A}^{\mathrm{T}}\boldsymbol{P}^{dd}\boldsymbol{A})^{-1}=(\boldsymbol{A}^{\mathrm{T}}\boldsymbol{P}^{dd}\boldsymbol{A})^{+}$。$\Delta\boldsymbol{\Phi}$ 的估值可表示为

$$\Delta\hat{\boldsymbol{\Phi}}=\boldsymbol{A}(\boldsymbol{A}^{\mathrm{T}}\boldsymbol{P}^{dd}\boldsymbol{A})^{-1}\boldsymbol{A}^{\mathrm{T}}\boldsymbol{P}^{dd}\Delta\boldsymbol{\Phi} \tag{2-24}$$

观测残差为

$$r=\Delta\boldsymbol{\Phi}-\boldsymbol{A}(\boldsymbol{A}^{\mathrm{T}}\boldsymbol{P}^{dd}\boldsymbol{A})^{-1}\boldsymbol{A}^{\mathrm{T}}\boldsymbol{P}^{dd}\Delta\boldsymbol{\Phi} \tag{2-25}$$

方差矩阵为

$$\begin{aligned}
\boldsymbol{Q}_{\hat{x}\hat{x}}&=(\boldsymbol{A}^{\mathrm{T}}\boldsymbol{P}^{dd}\boldsymbol{A})^{-1}\\
\boldsymbol{Q}_{\Delta\hat{\Phi}\Delta\hat{\Phi}}&=\boldsymbol{A}(\boldsymbol{A}^{\mathrm{T}}\boldsymbol{P}^{dd}\boldsymbol{A})^{-1}\boldsymbol{A}^{\mathrm{T}}\\
\boldsymbol{Q}_{rr}&=\boldsymbol{Q}^{dd}-\boldsymbol{A}(\boldsymbol{A}^{\mathrm{T}}\boldsymbol{P}^{dd}\boldsymbol{A})^{-1}\boldsymbol{A}^{\mathrm{T}}
\end{aligned} \tag{2-26}$$

其中，$\boldsymbol{Q}^{dd}=(\boldsymbol{P}^{dd})^{-1}$。那么对于每个弧段，可以通过以下经验公式判断该弧段是否存在模糊度：

$$\mathrm{Max}(r)>c\sqrt{\mathrm{Max}(\boldsymbol{Q}^{dd})}+2\sqrt{\mathrm{Max}(\boldsymbol{Q}_{\Delta\hat{\Phi}\Delta\hat{\Phi}})} \tag{2-27}$$

其中，Max(·) 代表残差绝对值的最大值。常数 c 可以选 3 或者 4。如果上式成立，则弧段上的观测在 95% 的置信水平上存在模糊度，该弧段将被删除。在获得弧段上的参数之后，可以通过一个已知形变的参考点，以空间积分方式获得每个相干点上的形变参数。

3. 大气误差改正

大气延迟误差是目前制约 InSAR 形变监测的主要原因之一。大气噪声主要由对流层延迟和电离层延迟两部分构成。相比于电离层，对流层延迟具有更为复杂的时空变化特征，对 InSAR 结果的影响也往往更为显著。而对流层的影响又主要表现为水汽的垂直分层效应和紊流效应。其中紊流效应是由近地大气中发生的湍动混合过程而引起的水

汽变化，在山区和平地都有可能产生，在干涉图中多表现为中小尺度的局部信号；而垂直分层效应则是一种在地形起伏较为严重的地区才会出现的大气延迟，是由大气受到垂直向上不同折射层的影响而引起的分层效应，因此和地形之间存在高度相关性[27]。

（1）外部数据辅助法

GNSS、MODIS（moderate resolution imaging spectroradiometer）、MERIS（medium resolution imaging spectrometer）以及数值天气模型等提供的大气数据都已经被证明可以用来进行 InSAR 大气误差改正[28]。然而，这些外部数据受限于云层遮挡、较低的空间分辨率、获取时间不同步等，无法保证 InSAR 大气误差改正的可行性和精度。因此，该方法对于大范围地质灾害普查而言较为适用，但难以针对局部形变监测进行 InSAR 大气误差改正。由于大气延迟和地形之间呈现显著的相关性，外部 DEM 数据和线性或二次回归方法近年来也常用于 InSAR 大气改正，这种方法更适用于以垂直分层大气延迟为主的山区[27]。

（2）时空特征分析法

在 MT-InSAR 技术中，虽然相邻相干点作差可以很大程度消除大气对线性形变提取的干扰，但是大气噪声仍然存在于残余相位中，难以跟非线性形变进行区分。Hanssen 指出，干涉图中的大气在空间上具有明显的相关性，而当两个干涉图的时间间隔超过一天时，干涉图中的大气在时间上就几乎没有相关性。地表形变则是一个跟时间显著相关的信号，但在空间尺度上其相关性一般，相关尺度明显小于大气。基于大气和形变截然不同的时空特征，可通过空域低通滤波和时域高通滤波来分离两者[20]：

$$\hat{\phi}_{\mathrm{atmo},j}(x)=\{[\overline{\omega}'_j(x)]_{\mathrm{HP-time}}\}_{\mathrm{LP-space}} \tag{2-28}$$

式中，$\overline{\omega}'_j(x)$ 为第 j 个干涉图上的第 x 个相干点的残余相位。在文献［20］中，时域高通滤波采用的窗口为 300 天的三角形滤波，而空域低通滤波则采用窗口为 2 km×2 km 的均值滤波。最后，将分离出的大气延迟从残余相位中减去，得到非线性形变，再将其与对应时间段的线性形变相加，就可以得到最终的形变序列结果。该方法需要谨慎使用，因为地表形变受降水、地质条件、地形地貌以及人类活动等多方面影响，在时间上可能不存在显著的低频特征。

2.2.2 MT-InSAR 应用领域

MT-InSAR 技术相比于传统的 D-InSAR 技术，可以更好地抑制大气噪声和失相干噪声，并将地形残余误差和形变信号分离开，极大地提升了 InSAR 技术的监测精度，同时获取形变场景的历史变化动态情况，已发展成为针对缓慢形变监测的主要 InSAR 技术。

在城市沉降监测方面，随着城市化进程的加快，地下资源开采及基础设施的修建使得地面沉降灾害愈发频繁。而城市地区由于存在较多人工建筑，其散射特性一般较为稳定，十分有利于 MT-InSAR 技术的实施，获取可靠的形变信号，如上海、北京等地区，因城市过量开采地下水导致大范围、大量级的地面沉降发生，使用 MT-InSAR 技术可以有效地获取由地下水开采所导致的地面沉降的空间分布及历史变化情况，为有关部门采取限采、停采措施提供参考数据[29]。此外，针对地铁等基础设施建设过程和软土层不断压实所产生的地面沉降现象，利用MT-InSAR方法都可以获取较好的监测效果[30]。

在滑坡监测方面，自 2000 年 Ferretti 等[20]首次使用 PS-InSAR 技术对意大利安科纳（Ancona）地区开展滑坡监测以来，MT-InSAR 已被广泛地运用在滑坡监测领域。相较于传统的 D-InSAR，MT-InSAR 除了可以提升监测的精度，获取滑坡的历史变化情况外，还可以更好地消除山区由地形改变所产生的地形残余信号，提升滑坡的识别率。为了验证 MT-InSAR 在滑坡监测方面的精度，Berardino 等[31]联合实地的 DEM、GPS 和 MT-InSAR 监测数据对意大利马拉泰阿（Maratea）山谷的滑坡开展了监测工作，结果显示，MT-InSAR 和 GPS 的监测结果有很好的符合度。利用滑坡的历史形变进程，结合降水、温度或者水位等多源的外部数据，更可以发现滑坡的相关因素，从而为滑坡的治理及预警提供重要的数据参考[20]。

震间形变相较于同震形变而言，其形变量级要小很多，因此，在监测震间形变时，MT-InSAR 将发挥出更大的优势。目前在全球多个重要的断裂带上，都已经得到了相关的应用，如美国的圣安德烈亚斯（San Andreas）断裂带，Tong 等[32]利用了 13 个不同轨道的 ALOS 数据通过 Stacking 的数据处理形式，获取了该断裂的震间形变情况。此外，在土耳其的北安纳托利亚（North Anatolian）断裂以及我国的海源断裂、鲜水河断裂和阿尔金断裂也有相关的尝试与研究工作[26,28]。此外，考虑到断裂有可能分布于植被较为密集的区域，InSAR 结果可能会受到一定的影响，因此，也有学者提出了利用角反射器（CR）辅助 MT-InSAR 用于同震形变监测[33]。

在矿山监测方面，获取矿山的动态形变情况，对于快速准确掌握矿区地质灾害，具有重要的意义，因此，MT-InSAR 也已广泛应用于矿区时序地表形变监测[34]。然而，考虑到矿区分布区域地表可能会存在植被或者农田覆盖等因素，因此可以获取的 PS 点数量较少，加之矿区较大的形变梯度可能会进一步降低相干性，基于 PS 的方法一般只用于形变较小的矿区[35]。相比于 PS-InSAR 的时序技术，SBAS 采用了多主影像，并且进一步限制了时空基线，可应用于形变较快的矿区，因此，SBAS 已成为矿区最常用的 InSAR 监测手段[36]。

在冰川监测方面，使用 MT-InSAR 技术可以获取更为准确的冰川动态变化结果。然而，InSAR 难以获取运动速度较快的冰川流速结果，一般只用于形变较为缓慢的冰川流速监测[37]。因此，在实践中，为了充分发挥 SAR 不受云雾、冰反射等因素影响的优势并获取流速信息，往往需要结合 MT-InSAR 和偏移量跟踪的观测结果[38]。基于动态的形变结果，将有助于评价冰川物质平衡及冰川对全球气候环境变化的响应情况[18]。

在冻土监测方面，MT-InSAR 也展现出了无可比拟的优势。在寒区的多年冻土区域，气候变化等因素会使冻土活动层不断发生变化，对寒区的基础设施建设构成重大威胁。基于 MT-InSAR 并考虑冻土融化时刻发生沉降积累时间的形变观测模型、三次幂函数模型、周期模型或者气候因子等，则可以获取不同冻土区的地表形变信息，取得可靠的结果[39]。而在获取可靠形变的基础上，考虑冻土的热物理性质，则可以进一步获取冻土区的平均活动层厚度[40]。以此，可为工程建设和基础设施健康检测提供依据，有效避免因冻土冻融而对基础设施的安全构成重大威胁。

MT-InSAR 作为可以获取大范围、高精度动态形变结果的手段，近年来已经逐步成为主要的地质灾害监测手段之一。而随着 SAR 卫星硬件的不断发展，使用 MT-InSAR 技术将能够获取更高时空分辨率、更大空间覆盖的地表形变监测结果，从而可以更好地服务于地质灾害监测及预警工作。

2.2.3 MT-InSAR 实例分析

实验区位于云南省昆明市、四川省凉山彝族自治州交界的金沙江干流上。滑坡体积巨大，根据前期遥感手段解译其体积约为 6.2 亿 m^3，滑坡体分为Ⅰ区、Ⅱ区、Ⅲ区和Ⅳ区（图 2-3），其中以Ⅱ区滑坡的危险性程度最大，滑动最为明显。Ⅱ区平面呈花瓶状凹槽地形，平均地形坡度为 26°。实验采用了 2015 年 12 景的 Sentinel-1A 卫星升轨 SAR 数据，获取了该滑坡在 2015 年的平均形变速率、形变序列。

图 2-3 显示的是金坪子滑坡 2015 年的 LOS 向形变速率。从中可以发现，形变主要集中于金坪子滑坡的Ⅱ区，Ⅰ区和Ⅳ区后缘有轻微形变，Ⅱ区最大形变速率超过 50 mm/a。

图 2-4 显示的是金坪子滑坡 2015 年的 LOS 向形变累积时序结果。可以看出，集中于金坪子滑坡的Ⅱ区的形变，在 2015 年 1 ~ 4 月形变累积较小，而进入 2015 年 6 月后，金坪子滑坡Ⅱ区的形变开始显著增加。到 2015 年 12 月 13 日，LOS 向形变累积了约 50 mm。

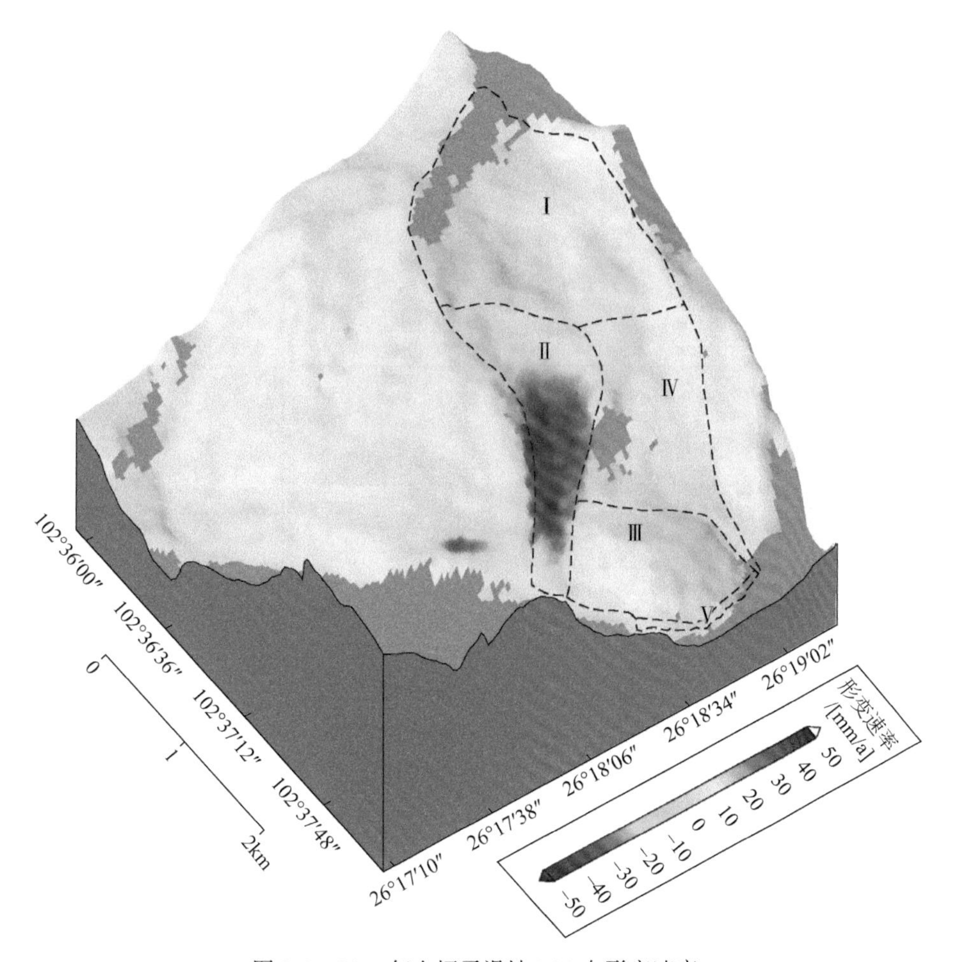

图 2-3　2015 年金坪子滑坡 LOS 向形变速率

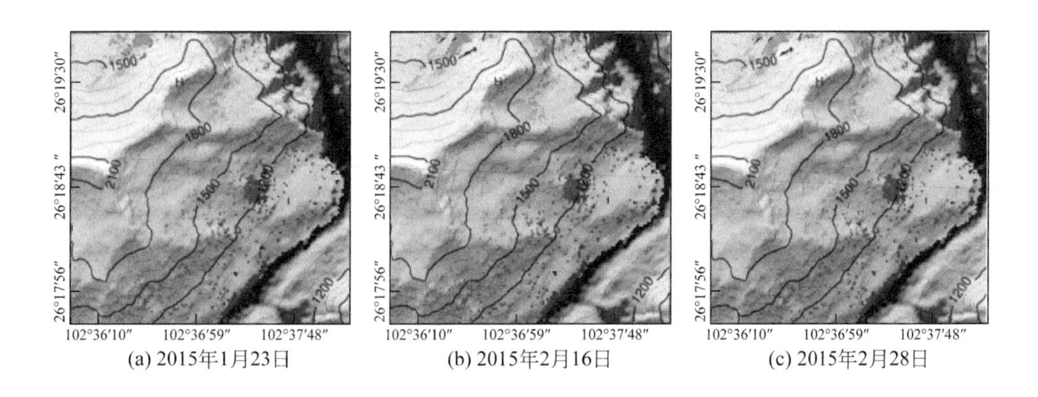

(a) 2015年1月23日　(b) 2015年2月16日　(c) 2015年2月28日

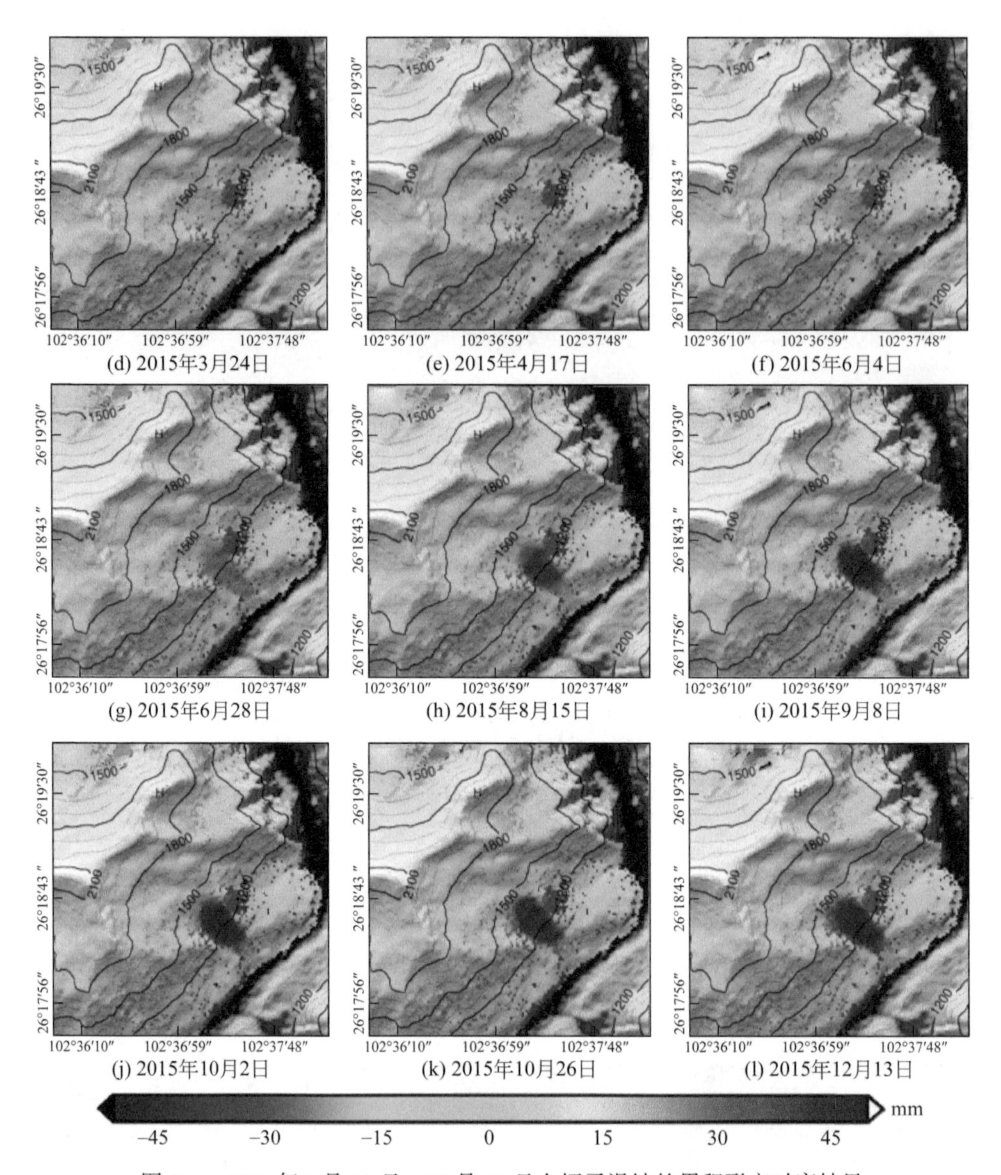

图 2-4　2015 年 1 月 23 日 ~ 12 月 13 日金坪子滑坡的累积形变时序结果

等高线单位为 m

2.3　一维 LOS 向形变的局限性

D-InSAR 和 MT-InSAR 技术都只能利用同轨道的 SAR 影像，因此只能获取一维 LOS 向的形变测量结果。如果有三个以上的独立成像几何来获取 InSAR 的测量值，理论上可以将一维 LOS 向形变扩展到三维形变[21]。假设存在不同轨道的 InSAR 的 LOS 向观测值 $d_{\mathrm{los},1}$、$d_{\mathrm{los},2}$ 和 $d_{\mathrm{los},3}$，且误差分别为 $\sigma^2_{d_{\mathrm{los1}}}$、$\sigma^2_{d_{\mathrm{los2}}}$ 和 $\sigma^2_{d_{\mathrm{los3}}}$，那么三维的地表形变可以用式 (2-29)表示：

$$\begin{bmatrix} d_{\mathrm{u}} \\ d_{\mathrm{e}} \\ d_{\mathrm{n}} \end{bmatrix} = \boldsymbol{\Gamma} \begin{bmatrix} d_{\mathrm{los},1} \\ d_{\mathrm{los},2} \\ d_{\mathrm{los},3} \end{bmatrix} \tag{2-29}$$

三维形变的误差如下所示：

$$\begin{bmatrix} \sigma^2_{d_{\mathrm{u}}} \\ \sigma^2_{d_{\mathrm{e}}} \\ \sigma^2_{d_{\mathrm{n}}} \end{bmatrix} = \begin{bmatrix} \Gamma_1 \cdot \Sigma \cdot \Gamma_1^T \\ \Gamma_2 \cdot \Sigma \cdot \Gamma_2^T \\ \Gamma_3 \cdot \Sigma \cdot \Gamma_3^T \end{bmatrix} \tag{2-30}$$

其中，

$$\boldsymbol{\Gamma} = \begin{bmatrix} \Gamma_1 \\ \Gamma_2 \\ \Gamma_3 \end{bmatrix} = \begin{bmatrix} a_1 & b_1 & c_1 \\ a_2 & b_2 & c_2 \\ a_3 & b_3 & c_3 \end{bmatrix}^{-1}$$

$$\boldsymbol{\Sigma} = \begin{bmatrix} \sigma^2_{d_{\mathrm{los},1}} & \sigma_{d_{\mathrm{los},1} d_{\mathrm{los},2}} & \sigma_{d_{\mathrm{los},1} d_{\mathrm{los},3}} \\ \sigma_{d_{\mathrm{los},1} d_{\mathrm{los},2}} & \sigma^2_{d_{\mathrm{los},2}} & \sigma_{d_{\mathrm{los},2} d_{\mathrm{los},3}} \\ \sigma_{d_{\mathrm{los},1} d_{\mathrm{los},3}} & \sigma_{d_{\mathrm{los},2} d_{\mathrm{los},3}} & \sigma^2_{d_{\mathrm{los},3}} \end{bmatrix}$$

$$a_i = \cos\theta_i,\ i=1,\ 2,\ 3$$

$$b_i = -\sin\theta_i \sin(\alpha_i - 3\pi/2),\ i=1,\ 2,\ 3$$

$$c_i = -\sin\theta_i \cos(\alpha_i - 3\pi/2),\ i=1,\ 2,\ 3$$

式中，a_i、b_i 和 c_i 分别是第 i 个 InSAR 的 LOS 向测量值在垂直向、东西向与南北向上的投影系数；θ_i 和 α_i 分别是第 i 个 InSAR 的测量值的入射角与方位角（将正北方向作为起点，顺时针旋转）。图 2-5 是 SAR 成像几何示意。

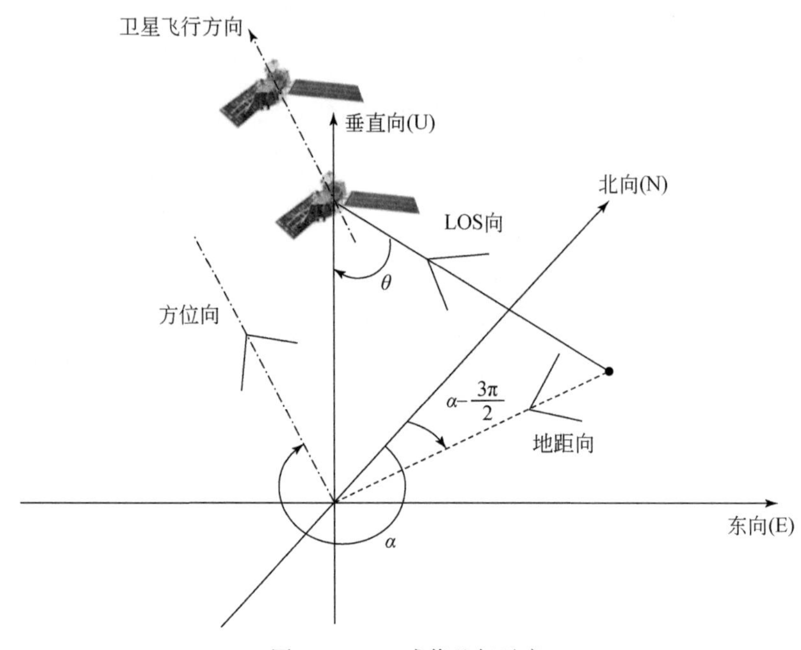

图 2-5　SAR 成像几何示意

箭头方向为正

下面将通过对 2009 年 4 月 6 日意大利发生的拉奎拉（L'Aquila）地震进行研究，来探究 InSAR 一维 LOS 方向的观测值用于获取三维地表形变的可行性与精度。地震期间，ALOS 卫星与 ENVISAT 卫星都获取了这个地震的同震干涉图。其中，ALOS 卫星获取了升轨 PALSAR 数据，ENVISAT 卫星获取了升降轨 ASAR 数据。数据参数见表 2-1。

表 2-1　意大利拉奎拉地震研究所选用的 SAR 数据

卫星	轨道	主影像获取时间	辅影像获取时间	时间间隔/天	垂直基线/m
ENVISAT/ASAR	升轨	2008 年 4 月 27 日	2009 年 4 月 12 日	350	−36
ENVISAT/ASAR	降轨	2009 年 2 月 23 日	2009 年 5 月 4 日	70	−140
ALOS/PALSAR	升轨	2008 年 7 月 20 日	2009 年 4 月 22 日	274	−182

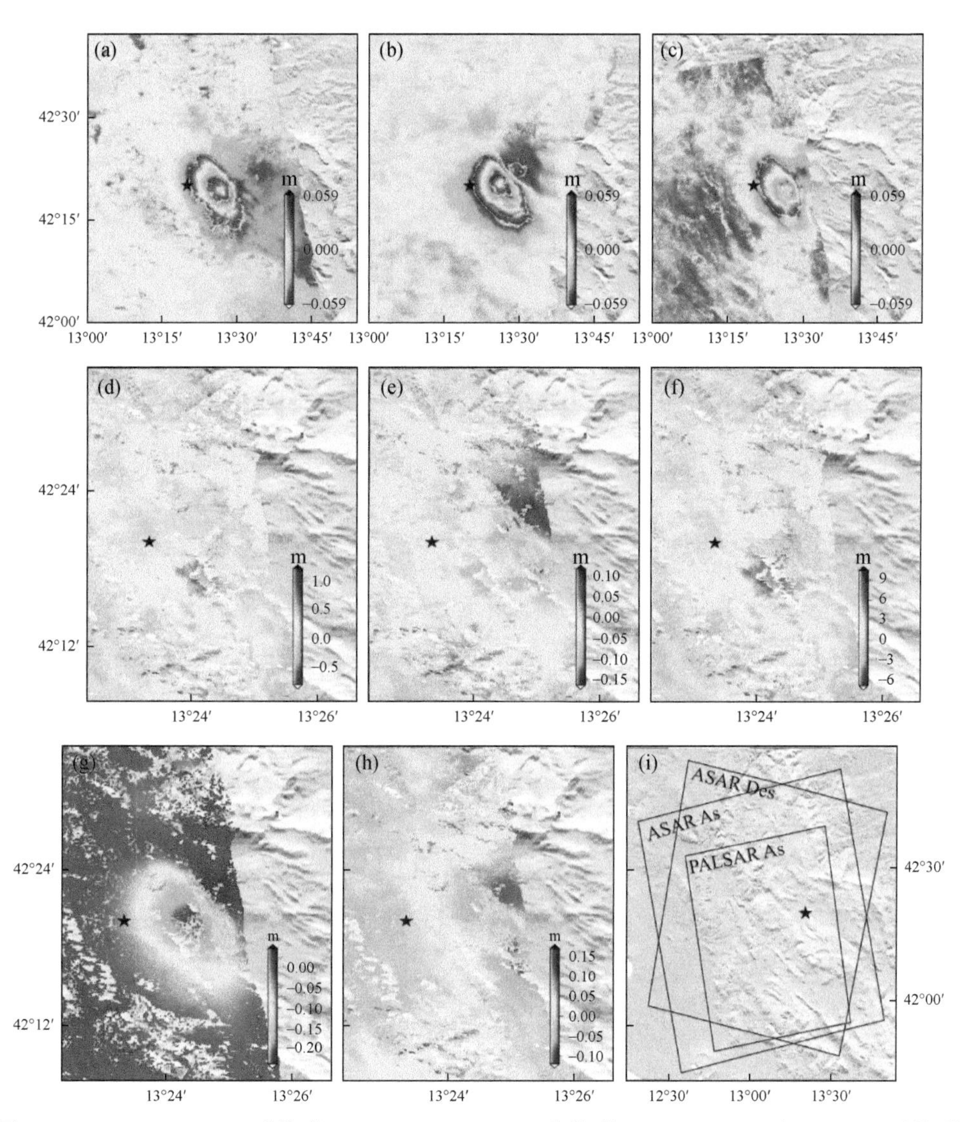

图 2-6 (a)~(c) ASAR 升轨道(ASAR As)、ASAR 降轨道(ASAR Des)和 PALSAR 升轨道(PALSAR As)的 InSAR 干涉对获取的拉奎拉地震 LOS 向同震形变场，且形变反缠绕显示；(d)~(f) 拉奎拉地震的垂直向、东西向和南北向的同震形变场；(g)~(h) 假定南北向形变为零的情况下拉奎拉地震的垂直向和东西向同震形变场；(i) 拉奎拉地震的地理位置。其中黑框划定了 SAR 影像的覆盖范围，五角星是震源位置

图 2-6 (a)~(c) ASAR 升轨道、ASAR 降轨道和 PALSAR 升轨道的 InSAR 干涉对获取的拉奎拉地震 LOS 向同震形变场。用式 (2-29)

可以得到该地震的同震的三维形变场，结果见图 2-6（d）~（f）。由式（2-30）可知，计算出的三维形变的误差和三个 LOS 向的 D-InSAR 观测的误差之间的关系可由式（2-31）表示：

$$\begin{cases}\sigma_{d_u}^2=91.84\sigma_{d_{los,1}}^2+5.73\sigma_{d_{los,2}}^2+52.05\sigma_{d_{los,3}}^2\\ \sigma_{d_e}^2=1.86\sigma_{d_{los,1}}^2+1.83\sigma_{d_{los,2}}^2+0.0001\sigma_{d_{los,3}}^2\\ \sigma_{d_n}^2=5834.93\sigma_{d_{los,1}}^2+615.46\sigma_{d_{los,2}}^2+3715.47\sigma_{d_{los,3}}^2\end{cases} \tag{2-31}$$

由式（2-31）可知，LOS 向的 D-InSAR 观测值的误差对南北向的形变结果影响非常大，这是因为现有的 SAR 卫星都是极轨运行。极轨的轨道十分接近南北向，同时 LOS 向和卫星飞行方向是垂直的，所以 LOS 向的观测几乎不能获取南北向的形变信息。如果使用的 SAR 数据既有左视又有右视影像，那么南北向的形变结果的计算精度会有所提高。遗憾的是，目前绝大部分 SAR 影像都是右视影像，这里用的影像也是右视影像，所以南北向的形变结果的精度很差。而垂直向的形变虽然可以较好地抑制降轨的 D-InSAR 观测误差的影响，但是对升轨的 D-InSAR 的观测误差较敏感。这是因为这里用了两个成像几何较相似的升轨的D-InSAR观测值，导致方程存在病态性。东西向的形变精度最好，这受益于升降轨数据在东西向上的接近完全相反的成像几何。这里通过 17 个 GNSS 台站测得的同震的三维形变场来验证 InSAR 的监测结果。通过对比发现，GNSS 与 InSAR 的结果的均方根误差（root mean square errors，RMSE）在垂直向、东西向和南北向上分别是 12.8cm、3.2cm 与96.4 cm，这个结果与前面的理论精度一致。所以仅凭借多个轨道的 D-InSAR 获取的 LOS 向的观测值，一般情况下难以获取好的三维形变结果，尤其是南北向的形变。

以 GNSS 监测拉奎拉地震的结果表示，该地震南北向上的地表形变只有几厘米，所以有理由假定南北方向形变对 LOS 向的形变监测没有贡献。图 2-6（g）和（h）是忽略南北向的形变后，利用多轨道的 D-InSAR 观测值得到的东西向与垂直向的形变结果。与 GNSS 结果对比发现，InSAR 垂直向与东西向的均方根误差分别是 2.7 cm 与 1.5 cm，这比不忽略南北向形变得到的结果分别改进了 79% 和 53% 。所以当南北向形变较小时，忽略该形变将有助于提高三维地表形变结果的监测精度。

参 考 文 献

[1] John C, Robert N. Synthetic Aperture Radar Systems and Signal Processing. New York: Wiley-Interscience, 1991.

[2] Elachi C. Spaceborne Radar Remote Sensing: Applications and Techniques. New York: IEEE, 1988.

[3] Kovaly J. Synthetic Aperture Radar Boston. MA: Artech House, 1976.

[4] Gens R, van Genderen J L. SAR interferometry—issues, techniques, applications International. Journal of Remote Sensing, 1996, 17: 1803-1835.

[5] Prati C, Ferretti A, Perissin D. Recent advances on surface ground deformation measurement by means of repeated space-borne SAR observations. Journal of Geodynamics, 2010, 49: 161-170.

[6] Chen C W, Zebker H A. Phase unwrapping for large SAR interferograms: Statistical segmentation and generalized network models. IEEE Transactions on Geoscience and Remote Sensing, 2002, 40 (8): 1709-1719.

[7] Massonnet D, Feigl K, Rossi M, et al. Radar interferometric mapping of deformation in the year after the Landers earthquake. Nature, 1994, 369: 227-230.

[8] Simons M, Rosen P. Interferometric synthetic aperture radar geodesy. Treatise on Geophysics, 2007: 371-446.

[9] Fialko Y, Sandwell D, Simons M, et al. Three-dimensional deformation caused by the Bam, Iran, earthquake and the origin of shallow slip deficit. Nature, 2005, 435: 295-299.

[10] Massonnet D, Briole P, Arnaud A. Deflation of Mount Etna monitored by spaceborne radar interferometry. Nature, 1995, 375: 567-570.

[11] Biggs J, Ebmeier S, Aspinall W, et al. Global link between deformation and volcanic eruption quantified by satellite imagery. Nature Communications, 2014, 5: 1-7.

[12] Sousa J J, Hooper A J, Hanssen R F, et al. Persistent Scatterer InSAR: A comparison of methodologies based on a model of temporal deformation vs. spatial correlation selection criteria. Remote Sensing of Environment, 2011, 115 (10): 2652-2663.

[13] Pritchard M, Simons M. A satellite geodetic survey of large-scale deformation of volcanic centres in the central Andes. Nature, 2002, 418: 167-171.

[14] Chaussard E, Amelung F. Precursory inflation of shallow magma reservoirs at west Sunda

volcanoes detected by InSAR. Geophysical Research Letters, 2012.

[15] Goldstein R, Engelhardt H, Kamb B, et al. Satellite radar interferometry for monitoring ice sheet motion: application to an Antarctic ice stream. Science, 1993, 262: 1525-1530.

[16] Rignot E, Mouginot J, Scheuchl B. Ice flow of the Antarctic ice sheet. Science, 2011, 333: 1427-1430.

[17] Joughin I, Kwok R, Fahnestock M. A Interferometric estimation of three-dimensional ice-flow using ascending and descending passes. IEEE Transactions on Geoscience and Remote Sensing, 1998, 36: 25-37.

[18] Li J, Li Z W, Zhu J J, et al. Early 21st century glacier thickness changes in the Central Tien Shan. Remote Sensing of Environment, 2017, 192: 12-29.

[19] Meyer F J, Mahoney A R, Eicken H, et al. Mapping arctic landfast ice extent using L–band synthetic aperture radar interferometry. Remote Sensing of Environment, 2011, 115: 3029-3043.

[20] Ferretti A, Prati C, Rocca F. Nonlinear subsidence rate estimation using permanent scatterers in differential SAR interferometry. IEEE Transactions on Geoscience and Remote Sensing, 2000, 38: 2202-2212.

[21] Berardino P, Lanari R, Lanari R, et al. A new algorithm for surface deformation monitoring based on small baseline differential SAR interferograms. IEEE Transactions on Geoscience and Remote Sensing, 2002, 40 (11): 2375-2383.

[22] Kampes B M, Hanssen R F. Ambiguity resolution for permanent scatterer interferometry. IEEE Transactions on Geoscience and Remote Sensing, 2004, 42 (11): 2446-2453.

[23] Zhang L, Ding X L, Lu Z. Ground settlement monitoring based on temporarily coherent points between two SAR acquisitions. ISPRS Journal of Photogrammetry and Remote Sensing, 2011, 66 (1): 146-152.

[24] Werner C, Wegmuller U, Strozzi T, et al. Interferometric point target analysis for deformation mapping//Geoscience and Remote Sensing Symposium, IGARSS, 2003, 7: 4362-4364.

[25] Hooper A, Zebker H. Phase unwrapping in three dimensions with application to InSAR time series. Journal of the Optical Society of America, 2007, 24 (9): 2737-2747.

[26] Elliott J, Walters R, Wright T. The role of space-based observation in understanding and responding to active tectonics and earthquakes. Nature Communications, 2016, 7: 1-16.

[27] Xu B, Feng G, Li Z, et al. Coastal subsidence monitoring associated with land reclamation using the point target based SBAS-InSAR method: A case study of Shenzhen, China. Remote Sensing, 2016, 8: 652.

[28] Shen L, Hooper A, Elliott J. A Spatially Varying Scaling Method for InSAR Tropospheric

Corrections Using a High-Resolution Weather Model. Journal of Geophysical Research: Solid Earth, 2019, 124: 4051-4068.

[29] Zhang Y, Wu H A, Kang Y, et al. Ground subsidence in the Beijing-Tianjin-Hebei region from 1992 to 2014 revealed by multiplesar stacks. Remote Sensing, 2016, 8: 675.

[30] Chaussard E, Amelung F, Abidin H, et al. Sinking cities in Indonesia: ALOS PALSAR detects rapid subsidence due to groundwater and gas extraction. Remote Sensing of Environment, 2013, 128: 150-161.

[31] Berardino P, Costantini M, Franceschetti G, et al. Use of differential SAR interferometry in monitoring and modelling large slope instability at Maratea (Basilicata, Italy). Engineering Geology, 2003, 68: 31-51.

[32] Tong X, Smith-Konter B, Sandwell D T. Is there a discrepancy between geological and geodetic slip rates along the San Andreas Fault System? Journal of Geophysical Research: Solid Earth, 2014, 119: 2518-2538.

[33] 徐小波. 多手段 InSAR 技术研究及其在同震、震间形变监测中的应用. 国际地震动态, 2016, (6): 34-36.

[34] Samsonov S, D'oreye N, Smets B. Ground deformation associated with post-mining activity at the French—German border revealed by novel InSAR time series method. International Journal of Applied Earth Observation and Geoinformation, 2013, 23: 142-154.

[35] Xing X M, Zhu J J, Wang Y Z, et al. Time series ground subsidence inversion in mining area based onCRInSAR and PSInSAR integration. Journal of Central South University, 2013, 20: 2498-2509.

[36] Zhang Z, Wang C, Tang Y, et al. Subsidence monitoring in coal area using time-seriesInSAR combining persistent scatterers and distributed scatterers. International Journal of Applied Earth Observation and Geoinformation, 2015, 39: 49-55.

[37] Zhao W, Amelung F, Dixon T. Monitor Uplift in Western Coast, Greenland Using SBAS-InSAR Time Series. AGU Fall Meeting Abstracts, 2010.

[38] Euillades L D, Euillades P A, Riveros N C, et al. Detection of glaciers displacement time-series using SAR. Remote Sensing of Environment, 2016, 184: 188-198.

[39] Chen F, Lin H, Li Z, et al. Interaction between permafrost and infrastructure along the Qinghai—Tibet Railway detected via jointly analysis of C-and L-band small baseline SAR interferometry. Remote Sensing of Environment, 2012, 123: 532-540.

[40] Li Z, Zhao R, Hu J, et al. InSAR analysis of surface deformation over permafrost to estimate active layer thickness based on one-dimensional heat transfer model of soils. Scientific Reports, 2015, 5: 15542.

第 3 章 InSAR 二维形变测量方法

3.1 POT 技术

3.1.1 POT 基本原理

偏移量跟踪（pixel offset tracking，POT）也被称为像素偏移或像素追踪技术，该技术可以利用 SAR 影像获取距离向（即 LOS 向）和方位向的二维形变场，由于方位向与 LOS 向相互垂直，可以克服由 D-InSAR 获取的一维 LOS 向形变对南北向不敏感的问题。二维形变场一般可以通过两种方法获取，一种是基于 SAR 幅度影像的互相关技术[1,2]，另一种是基于 SAR 复数影像的条纹可见性方法[3]。Gray 等[4]首次证实了可用基于幅度信息的互相关技术来测量冰速，Michel 等[5]利用 SAR 影像对之间的配准偏移量来估计地表二维形变场。该方法的监测精度与所用 SAR 数据的空间分辨率有关，一般是空间分辨率的 1/30 ~ 1/10[6]。尽管在测量精度上远低于 D-InSAR 的测量结果，POT 技术的最大优势在于可以获取方位向形变，并且能很好地抵抗相位失相干带来的影响，而且无须进行解缠，因此被广泛用于监测地震、火山喷发和冰川漂移等造成的大量级地表形变场。

基于互相关的像素偏移量技术其实可以看作影像配准的结果，该技术利用 SAR 影像中的幅度信息来进行配准，配准一般由像元级的粗配准和亚像元级的精配准两部分组成。对于重复轨道观测模式，不同时间获取影像时的雷达天线位置会有一定偏差，进而会导致同一地物在两幅影像中的位置有所偏移，影像中的偏移量能达到十几个到几百个像素，因此先通过轨道信息获取初始的方位向和距离向偏移量来进行粗配准，在此基础上，基于亚像元级的像素匹配技术来实现影像精配准。精配准可对每一个像素进行，也可对其中的部分像素进行，通过计算参考窗口和同样大小的搜索窗口的互相关性，之后根据采样处理的互相关面上的峰值来实现亚像素级的精度。对所选的像素而言，选择一定窗口大小（如 32×32 或 64×64）的影像块来参与计算，由维纳-欣钦定理（Wiener-Khinchine theorem）可知，两个影像块的互相关函数和互能谱是一个傅里叶（Fourier）变换对，即

$$a\left[R_{f_m f_s}(x_s,\ y_s)\right]=F_m F_s^*$$

$$R_{f_m f_s}(x_s,\ y_s)=\sum_{-M}^{+M}\sum_{-N}^{+N} f_m(x,\ y) f_s(x-x_s,\ y-y_s) \tag{3-1}$$

式中，a 表示傅里叶变换；$*$ 表示共轭复数；$f_m(\cdot)$ 和 $f_s(\cdot)$ 分别是用于配准的主辅 SAR 影像的能量函数，对应的频谱函数为 F_m 和 F_s；M 和 N 分别是方位向和距离向窗口大小的一半；x 和 y 分别是所选像素在主影像中的方位向和距离向坐标；x_s 和 y_s 是粗配准得到的方位向和距离向偏移量。具体实现是根据所选取影像块的能量描述函数，计算互相关系数[7,8]，计算公式如下：

$$\mathrm{Coh}=\sqrt{\frac{2R_{f_m f_s}}{\sqrt{R_{f_m f_m} R_{f_s f_s}}}-1} \tag{3-2}$$

当得到的互相关系数超过某一阈值后，对主辅 SAR 影像的能量函数进行快速傅里叶变换，之后再进行共轭相乘，然后进行快速傅里叶逆变换，得到互相关函数，最后利用一个二次多项式插值寻找互相关函数的峰值点，计算该点在主辅 SAR 影像中的对应位置之间的距离，记为精配准偏移量。

一般认为计算得到的偏移量中包含轨道误差和形变信息，由于长波段的卫星信号更容易受到电离层的影响，这种情况下得到的偏移量中还包含电离层误差。在一般情况下，电离层影响较小，可直接忽略。对于所选像素，得到的距离向或方位向偏移量为

$$R_{\text{offset}} = R_{\text{orbit}} + R_{\text{defo}} \tag{3-3}$$

式中，R_{orbit}是主辅影像轨道误差引起的偏移量；R_{defo}是地表形变引起的偏移量。为了得到准确的地表形变信息，一般用双线性多项式模型进行轨道误差建模：

$$R_{\text{orbit}} = a_0 + a_1 x + a_2 y + a_3 xy \tag{3-4}$$

式中，x 和 y 是所选像素在 SAR 影像中的距离向和方位向的位置坐标；$a_0 \sim a_3$ 是待估模型系数。在某些情况下也可使用更高阶的多项式模型，如双二次多项式模型等。通过在影像上均匀选取若干个不含有形变或形变已知的像素，之后对这些像素用最小二乘法来求解模型参数，进而计算得到整幅影像中的轨道误差，从得到的偏移量中减去相应轨道误差即可得到准确的地表形变信息。

3.1.2 POT 应用领域

POT 技术获取方位向形变的精度受相干性影响较少，因此被广泛用于探究大量级形变，如用于研究矿区大尺度形变[9-11]、大型滑坡形变[12]、地震形变[13-17]以及冰川运动[18,19]等。

基于 POT 技术研究冰川运动的工作起步较早，1998 年，Gray 等[4]针对基于一对 SAR 影像无法同时测量地形和冰速的问题，首次采用影像配准来估计冰速，通过两景 RADARSAT 影像获得了冰川运动矢量，并验证了矢量方向与冰川流线方向相同；之后，Strozzi 等[18]深入探究了利用 POT 技术测量冰川运动，具体分析了基于 SAR 幅度影像的互相关技术和基于 SAR 复数影像的条纹可见性两种方法，并得出基于这两种方法的 POT 技术和 D-InSAR 技术优势互补，可共同用于测量冰川运动；此外 Yan 等[19]用 POT 技术结合 D-InSAR 和 MAI 技术开展了西昆仑山冰川运动的相关研究。

自 1999 年 Michel 等[5]利用 SAR 影像对之间的配准偏移量来估计 Landers 地震引起的地表二维形变场之后，相关学者利用 POT 技术开展了一系列的地震相关研究：Fialko 等[14]结合 D-InSAR 和 POT 技术获取了赫克托矿区地震的三维形变；Kobayashi[16]用 POT 技术分析得到保和（Bohol）地震引起的地表抬升以及断层特征；Wang 等[15]利用 POT 技术计算地表形变时主要考虑了强散射点目标，从而提高了结果的准确性和可靠性，结果表明，2011 年凡城（Van）地震中的低相干区域也得到了较好的地表形变结果。针对地震大形变引起的失相干区域及低相干区域，POT 技术可以获取较准确的距离向形变和方位向形变，与 D-InSAR 和 MAI 技术相互补充。对于获取矿区的大尺度形变一般也采用 POT 技术，Fan 等[9]联合时序 D-InSAR 技术获取矿区的小尺度形变以及 POT 技术获取大尺度形变，实现了陕西榆林矿区的完整地表形变场监测；此外 Ou 等[10]利用 D-InSAR 和 POT 技术获取了河北蔚县主矿区的地表形变结果。

监测缓慢移动的滑坡时，一般采用 D-InSAR 技术，而当滑坡快速移动时，会导致相位失相干，因此 POT 技术在测量快速移动的滑坡形变时优势更大。Zhang 等[12]利用 ENVISAT、ALOS 和 TerraSAR-X 等多个卫星数据测量了三峡多个滑坡地表形变场，结果表明，高分辨率的 X 波段数据更适合用基于 POT 技术获取滑坡引起的大量级形变。总的来说，POT 技术被广泛用于测量各种大量级形变，可以很好地弥补 D-InSAR 和 MAI 技术在低相干区域测量结果不可靠的缺点。

3.1.3 POT 实例分析

2016 年 11 月 14 日新西兰南岛发生了 Mw 7.8 级地震，即凯库拉地震，自第一次地震之后余震超过 1500 次，之后又引发了海啸，此次地震导致地表发生了剧烈破坏，造成了巨大的经济损失。为了准确测量此次地震的地表形变，除用D-InSAR技术获取 LOS 向地表形变外，还用 POT 技术获取方位向和距离向的形变，采用的数据具体见表 3-1。

表 3-1　新西兰地震研究所用的 ALOS-2 数据

编号	获取时间	轨道号	帧号	时间间隔/天	垂直基线/m
1	2016 年 10 月 18 日	48（降轨）	3050	27	75
2	2016 年 11 月 15 日	48（降轨）	3050		

本次实验所用的是 ALOS-2 卫星的 PALSAR-2 宽幅数据，仅用子带 4 和 5 就可以覆盖整个研究区域，因此本次实验先对子带 4 和 5 的数据单独处理，之后再进行拼接，具体的处理过程如下：首先对影像进行配准，用轨道信息进行粗配准，之后通过调整参考窗口和搜索窗口的大小进行精配准，再逐个计算每个像素的偏移量，最后转换得到距离向和方位向的偏移量。如图 3-1 所示，震中位置也可以得到有效的偏移量信息，验证了 POT 技术可以很好地抵抗失相干的影响。从图 3-1 中还可以看出，新西兰地震导致的地表形变在方位向和距离向上均超过了6 m，同时还可以根据形变场识别出断层的位置，进而为地震机制解译等提供科学依据。

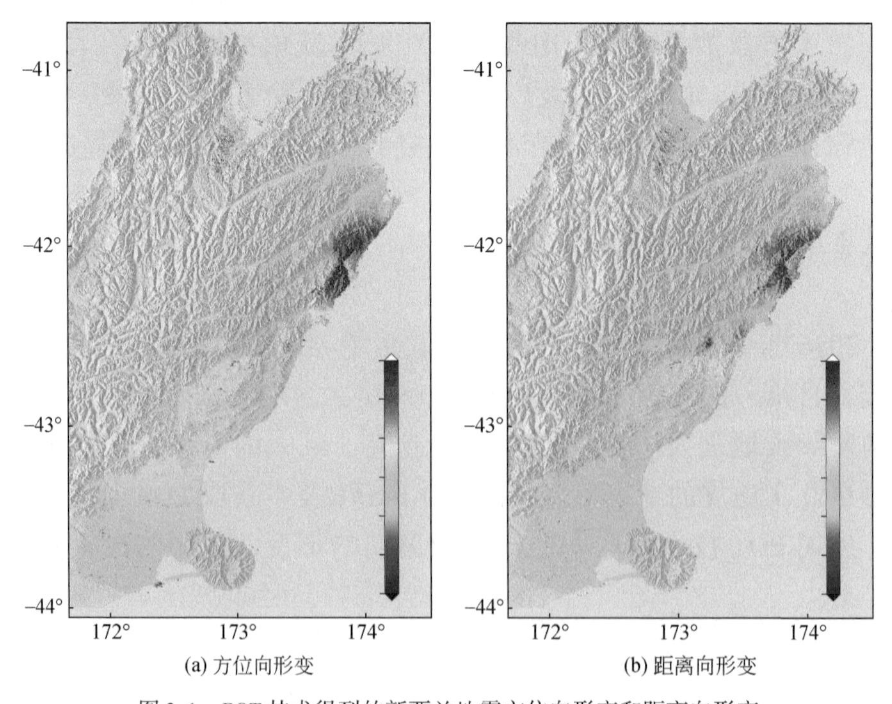

(a) 方位向形变　　(b) 距离向形变

图 3-1　POT 技术得到的新西兰地震方位向形变和距离向形变

3.2 MAI 技术

3.2.1 MAI 基本原理

MAI 技术是 Bechor 和 Zebker 在 2006 年提出的[20]。SAR 通过信号处理方法将沿飞行方向不停运动的小孔径天线接收的信号进行合成，从而提高 SAR 影像方位向上的空间分辨率，而 MAI 技术的核心是将接收的信号中零多普勒位置之前和之后的部分分别进行处理。地物从开始接收到停止接收信号的时间为一个合成孔径的时间，前一半时间内卫星逐渐靠近地物，这一过程中接收的信号为零多普勒位置之前的信号（即前视信号），后一段时间内卫星逐渐远离地物，这一过程中接收的信号为零多普勒位置之后的信号（即后视信号），将前视信号和后视信号分别处理得到前视影像和后视影像，这是针对原始信号进行的处理。此外，针对聚集处理 SLC 影像进行方位向公共频谱滤波（azimuth common band filtering，ACBF）也可以获取前视影像和后视影像。ACBF 可以控制影像多普勒中心的特性，通过确定影像的中心多普勒频率和频谱宽度，将原始 SLC 影像分成对应的前视影像和后视影像。通常情况下，将 SLC 影像的多普勒频谱分为前后两个相等的部分，把前半个多普勒频谱的中心设为前视 SLC 影像的多普勒中心，后半个多普勒频谱的中心设为后视 SLC 影像的多普勒中心，而频谱宽度均取为原始的 SLC 影像的一半，来使前视影像和后视影像的方位向分辨率的损失达到最小。卫星传感器在前视和后视两种不同成像姿态下对目标沿卫星飞行方向（方位向）上发生位移具有较好的敏感性，因此 MAI 技术可以获取方位向形变。

这两种方法针对的初始数据不同，但都可以通过带通滤波的方法实现多普勒频率的分割。实现 MAI 技术需要由主、辅影像得到四景子孔径影像，即前视主影像、后视主影像、前视辅影像和后视辅影像，处理流程是分别对前视主辅影像对和后视主辅影像对进行配准、多视、干涉、去平、去地形、滤波等处理，从而得到前视干涉图 Φ_f 和后视干涉图 Φ_b，之后将前视干涉图和后视干涉图共轭相乘得到 MAI 干涉图：

$$\Phi_{MAI}=\Phi_f-\Phi_b \tag{3-5}$$

式中，Φ_{MAI}是 MAI 的干涉相位；Φ_f 是前视干涉图相位；Φ_b 是后视干涉图相位。方位向形变 d_{az}可由 MAI 干涉相位 Φ_{MAI}计算得到

$$d_{az}=\left(-\frac{l}{4\pi}\right)\cdot\frac{1}{n}\cdot\Phi_{MAI} \tag{3-6}$$

式中，l 是真实天线长度；n 是所用到的合成孔径天线的比例，一般取 0.5，这样影像分辨率的损失最小。

方位向形变 d_{az}的测量精度 $\sigma_{d_{az}}$为[20]

$$\sigma_{d_{az}}=\frac{l}{4\pi\cdot n}\sigma_{\Phi_{MAI}} \tag{3-7}$$

式中，$\sigma_{\Phi_{MAI}}$为 MAI 干涉相位 Φ_{MAI}的标准差，其为[21]

$$\sigma_{\Phi_{MAI}}=\sqrt{\sigma^2_{\Phi_f}+\sigma^2_{\Phi_b}-2\sigma^2_{\Phi_{f,b}}} \tag{3-8}$$

式中，$\sigma^2_{\Phi_f}$和 $\sigma^2_{\Phi_b}$分别是前视干涉图和后视干涉图的方差；$\sigma^2_{\Phi_{f,b}}$是它们的协方差。根据极大似然估计的前视干涉图标准差 σ_{Φ_f}为[22]

$$\sigma_{\Phi_f}\approx\frac{1}{\sqrt{2N_f}}\frac{\sqrt{1-\gamma_f^2}}{\gamma_f} \tag{3-9}$$

其中，N_f 和 γ_f 分别是前视（或后视）干涉图的有效视数和相干性。类似地，后视干涉图的标准差 σ_{Φ_b}也可以用式（3-9）表示。前视干涉图和后视干涉图是利用两个互不相关的频谱生成的，因此可以认为它们之间没有相关性，即

$$\sigma_{\Phi_{f,b}}\approx 0 \tag{3-10}$$

考虑到前视和后视的相干性及有效视数基本一致，由式（3-8）~式（3-10）可得 MAI 干涉相位 Φ_{MAI}的标准差为

$$\sigma_{\Phi_{MAI}}\approx\frac{1}{\sqrt{N_f}}\frac{\sqrt{1-\gamma_f^2}}{\gamma_f} \tag{3-11}$$

由式（3-11）可知，MAI 干涉图的标准差与有效视数和相干性有关，但是前视干涉图或后视干涉图的有效视数和相干性相比全孔径干涉图均有所降低，因此 MAI 干涉图的标准差相比全孔径干涉图至少要大两倍，这也意味着 MAI 干涉图更容易受到失相干噪声的影响。

此外，前视干涉图和后视干涉图的垂直基线之间存在细微差别，导致得到的 MAI 干涉图存在基线误差，其主要是由平地和地形引起的相位残余。理论上，确定垂直基线差 ΔB_1 之后就可得到平地相位残余和地形相位残余，但是垂直基线差一般不能直接得到，因此可采用多项式模型建模并去除这两种相位残余。通常情况下，对于平地相位残余采用二次多项式模型进行建模：

$$\Delta\Phi_{\mathrm{MAI,flat}} = a_0 + a_1 \cdot x + a_2 \cdot y + a_3 \cdot x \cdot y + a_4 \cdot x^2 + a_5 \cdot y^2 \tag{3-12}$$

式中，x 和 y 分别是方位向和距离向上的像素坐标；$a_0 \sim a_5$ 是待估模型系数。而对于地形相位残余，采用线性多项式模型模拟：

$$\Delta\Phi_{\mathrm{MAI,topo}} = b_0 + b_1 \cdot h \tag{3-13}$$

式中，h 是所选点的地面高程值，一般通过外部 DEM 数据获得；b_0 和 b_1 是待估模型系数。

模型参数估计之前，先对影像中低相干区域和形变区域进行掩膜，从而避免这些区域给模型参数估计带来误差；之后在非掩膜区域均匀选点，并获取所选点上的相位值，距离向和方位向像素坐标以及对应的地面高程值；最后用最小二乘迭代拟合求解模型系数。

3.2.2 MAI 应用领域

MAI 技术自 2006 年提出以来，已经被国内外学者广泛用于获取地表方位向形变，如用于探究火山活动引起的地表形变[23-25]、地震引起的形变[26-28]以及冰川移动引起的地表形变[29,30]等。

Bechor 和 Zebker 用其获取的 1999 年赫克托矿区地震形变结果，并与 POT 和 GNSS 的结果进行比较，验证了 MAI 技术的有效性和准确性，之后 Jung[21] 针对平地相位改正和提高相干性改进了 MAI 技术，并也将其用于获取赫克托矿区地震形变，验证了改进的有效性，之后还有很多学者将其用于获取地震的方位向形变，如 Hu 等[26]利用 MAI 技术获取了 2010 年新西兰地震的方位向形变，还结合 D-InSAR 技术获取了地震的三维形变；Wang 等[27]利用 MAI 技术获得了玉树地震的三维地表形变场；Kobayashi 等[16]利用 MAI 技术得到了 2016 年熊本地震的方位向形变，并结合 D-InSAR 技术得到的视线向形变分析了断层特性。

除被用于研究地震形变，还有一些学者利用 MAI 技术研究火山形变，如 Jung 等[23]获取了 2007 年夏威夷火山的方位向形变，获取的南北向形变的精度达到 3.6 cm；Jo 等[24]尝试用 X 波段的 COSMO-SkyMed 数据，利用 MAI 技术得到 2011 年夏威夷火山的方位向形变。

为获取更准确的冰川运动，一些学者用 MAI 技术获取方位向形变，并结合 D-InSAR 技术来确定冰速，如 Gourmelen 等[29]获取了朗格冰原和霍夫斯冰原准确的三维冰速图；Mcmillan 等[30]得到多森（Dotson）冰架的二维流速；以及 Hu 等[31]结合 D-InSAR、POT 和 MAI 技术获取了青藏高原冬克玛底冰川的三维冰速。

总体来说，MAI 技术相比 POT 技术在理论上可以获取更高精度的方位向形变，为获取各种形变准确的二维和三维形变提供了技术支持。

3.2.3 MAI 实例分析

本次实验所用数据与 3.1.3 节相同，对 ALOS-2 数据进行 MAI 处理来获取方位向形变，同样是先对子带 4 和 5 的数据分别处理，再进行拼接，以一个子带处理过程为例进行说明，具体实现过程如下：首先对两幅主从 SLC 进行频谱滤波获取主从前视后视共四幅 SLC 影像，之后用全孔径影像的配准信息对前视影像和后视影像进行配准，并用 90 m 分辨率的 SRTM 数据来获取前视和后视差分干涉图，之后共轭相乘获得 MAI 干涉图，采用自适应干涉图滤波方法对其进行滤波，用最小费用流方法进行相位解缠，最后将 MAI 干涉相位转化得到方位向形变，得到的结果如图 3-2 所示。从结果中可以看出，MAI 在近场区域受失相干影响较大，但是在远处区域相干性较好，监测到了明显的同震形变。

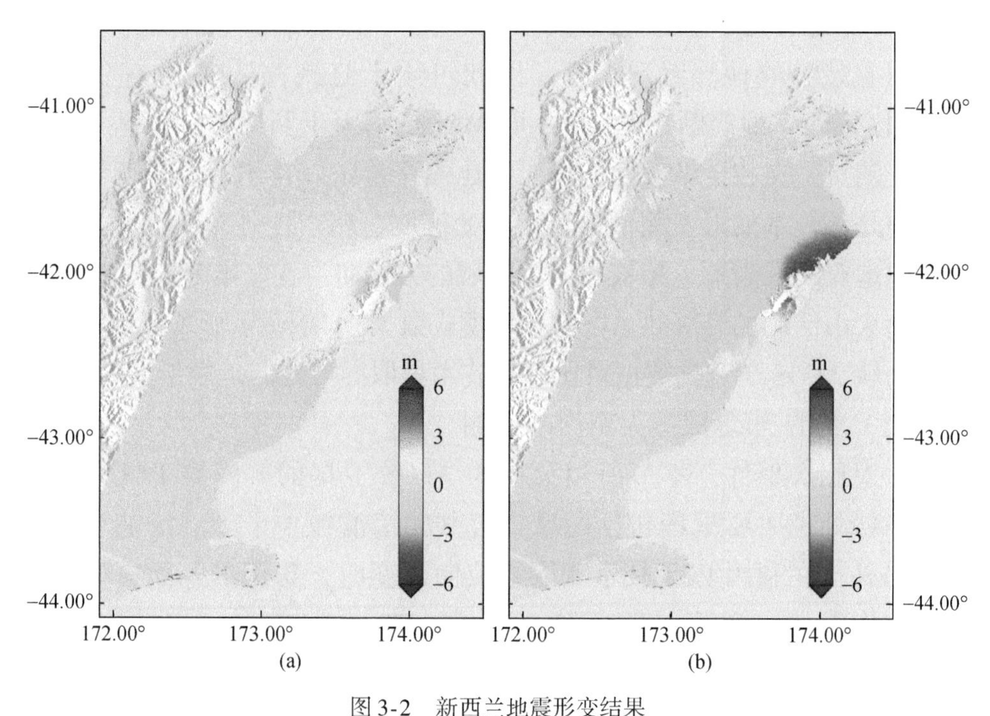

图 3-2　新西兰地震形变结果

(a) 为 D-InSAR 得到的视线向形变；(b) 为 MAI 得到的方位向形变

3.3　POT 与 MAI 技术对比分析

POT 和 MAI 技术都可以利用一对 SAR 影像获取沿卫星飞行方向的地表形变，即方位向形变，进而弥补了 D-InSAR 技术仅能获取一维 LOS 向地表形变的不足。两种技术最大的区别在于：前者是基于 SAR 影像的强度信息，通过窗口匹配估计两景 SAR 影像同名点之间的像素偏移量，实现地表形变的测量，该技术测量方位向地表形变的精度为 1/30～1/10 像素空间分辨率；后者则是基于 SAR 影像的相位信息，通过主辅 SAR 影像前后孔径观测相位的二次差分获取两景 SAR 影像获取时间段内的地表沿方位向形变，精度与相位相干性（信噪比）和影像有效多视数有关，如对于 C 波段的 ERS 数据，当有效多视数为 10 时，相干性为0.97、0.8 和0.5 时的方位向形变精度分别为5 cm、15 cm 和35 cm。由此可见，像素偏移量方法不受失相干等噪声影响，无须解缠，可直接获取地表绝对形变，因此可用于监测大量级/大梯度形变（如矿区沉陷、地震断层活动）；而 MAI 技术由于利用相位信息进行地表形变测量，在相干性较好的情况下比偏移量跟踪技术的形变测量精度高，但是该技术的形变测量效果受形变梯度、相干性等影响较大，不利于获取地震断层附近、植被茂密等区域的方位向形变。本节利用2007 年夏威夷火山活动的升降轨 ALOS 条带模式数据和 2016 年新西兰凯库拉地震的降轨 ALOS-2 宽幅数据对比两种技术获取的方位向地表形变。

（1）2007 年夏威夷火山活动监测

针对此次事件，本节所用数据为 ALOS 卫星的升降轨 PALSAR 数据。MAI 处理主要流程包括配准、公共频谱滤波、干涉、滤波、解缠等。另外，在利用 POT 技术获取方位向形变时，采用的匹配窗口大小为 128 像素×256 像素（距离向×方位向≈770 m×770 m），过采样因子为 2。图 3-3 为利用两种技术获取的 2007 年夏威夷火山的升轨和降轨方位向地表形变。图 3-4 为利用两种技术获取的沿剖线 AA^* 和 BB^* 的地表形变。对比图 3-3 和图 3-4 可以发现，两种技术获取的方位向地表形变特征和趋势较为一致。但是，相比于 MAI 技术，POT 技术获取的方位向地表形变局部波动较大。同时，与研究区域的 GNSS 数据定量对比（表 3-2）结果表明，MAI 获取的方位向地表形变结果精度比 POT 更高。

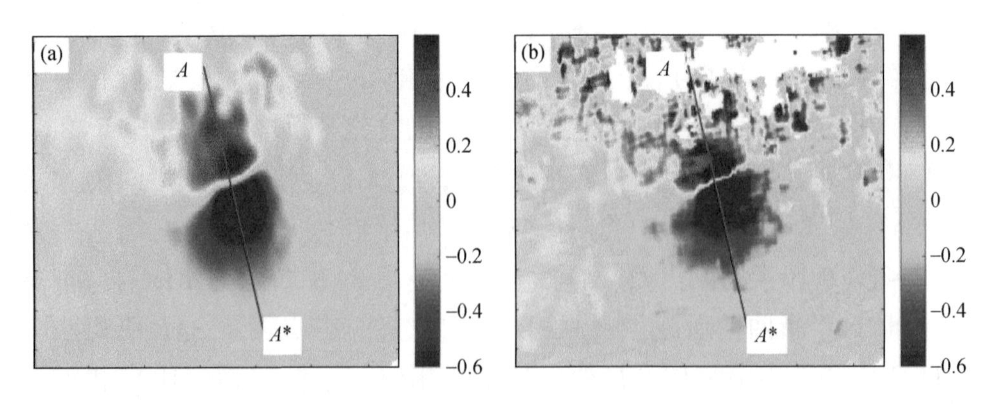

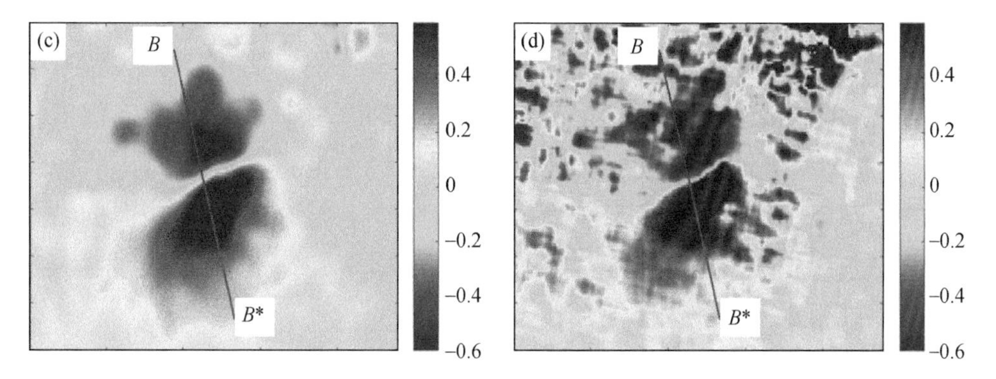

图 3-3　2007 年夏威夷火山活动 ALOS-1 升轨 [(a) 和 (b)] 和
降轨 [(c) 和 (d)] 数据获取的方位向地表形变 (单位：m)
(a)、(c) MAI 技术；(b)、(d) POT 技术

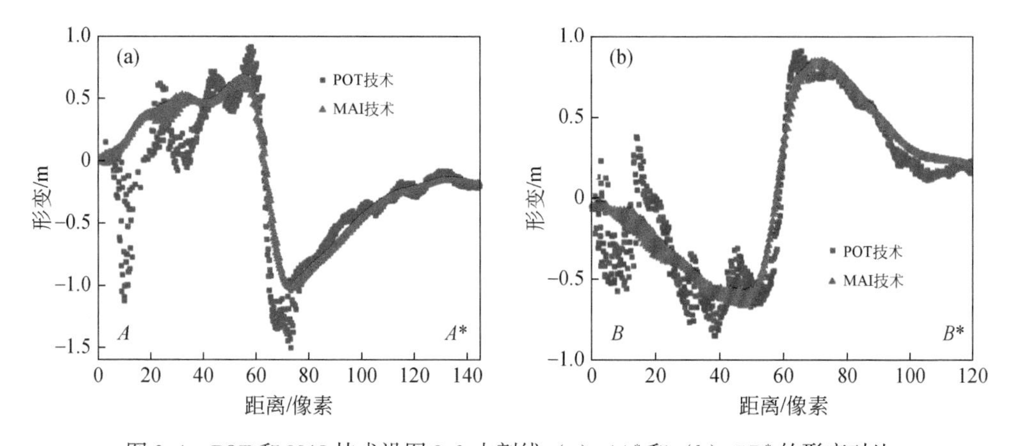

图 3-4　POT 和 MAI 技术沿图 3-3 中剖线 (a) AA^* 和 (b) BB^* 的形变对比

表 3-2　POT 和 MAI 技术获取的 2007 年夏威夷火山活动
ALOS 数据方位向地表形变与 GNSS 数据之差的均方根值 (单位：cm)

方向	POT 技术	MAI 技术
升轨	10.0	6.6
降轨	12.1	7.9

(2) 2016 年新西兰凯库拉地震监测

2016 年新西兰凯库拉地震的介绍和数据处理过程可参见 3.1.3 节与 3.2.3 节，本节集中对比分析 ALOS-2 降轨宽幅数据在主断层附近的

方位向形变场。从图 3-5 可知，POT 技术可以较完整地获取整个断层附近的地表形变场，而 MAI 技术由于失相干等因素影响，无法获取靠近断层区域的地表形变。同时，此次地震导致的地表形变量级/梯度较大，在 MAI 数据处理过程中，仅进行了一次滤波操作，因此，MAI 得到的形变场噪声反而更大（图 3-6），但整体上与 POT 技术获得的结果较为一致。同时，与研究区域的 GNSS 数据定量对比结果表明，MAI 获取的方位向地表形变结果精度比 POT 低。

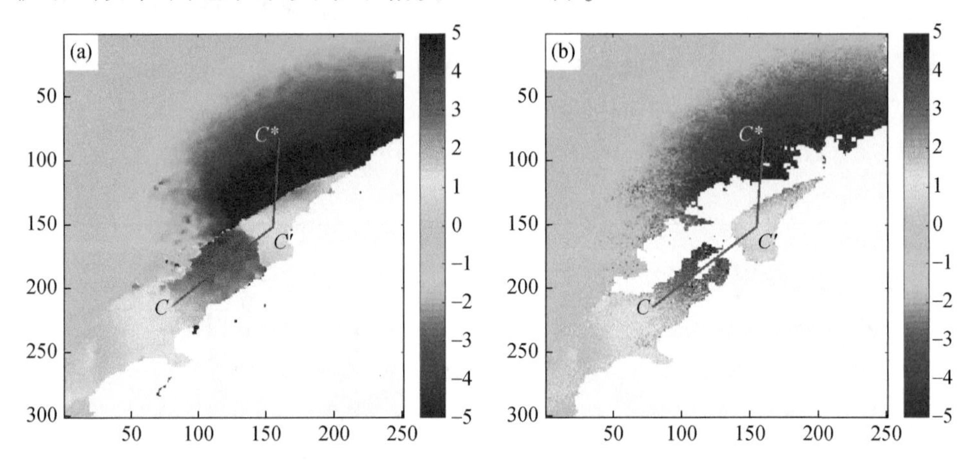

图 3-5　2016 年新西兰凯库拉地震 ALOS-2 降轨宽幅数据获取的方位向地表形变（单位：m）

（a）POT 技术；（b）MAI 技术；横纵坐标轴代表像素个数。剖线 C-C'-C^* 为选取的一个剖线，具体剖线上的形变值见图 3-6

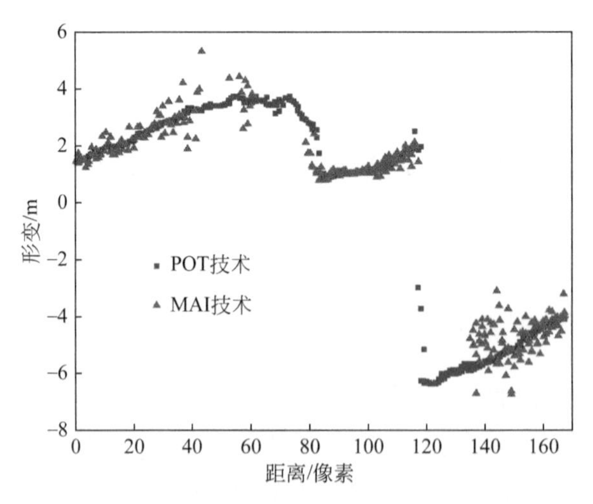

图 3-6　POT 和 MAI 技术沿剖线 C-C'-C^*（图 3-5）的形变对比

通过以上两个案例我们发现：①在中量级形变（厘米级至分米级）监测中，MAI 的精度较高，监测结果较为理想，而 POT 的监测精度较低；②在大量级形变（米级）监测中，由于形变梯度较大，MAI 往往无法得到完整的地表形变场，并且其精度较低，而 POT 方法则不受形变梯度影响，可以获得较为准确的、完整的地表形变场。

参 考 文 献

[1] Gray A L, Short N, Mattar K E, et al. Velocities and Flux of the Filchner Ice Shelf and its Tributaries Determined from Speckle Tracking Interferometry. Canadian Journal of Remote Sensing, 2001, 27: 193-206.

[2] Rott H, Stuefer M, Siegel A, et al. Mass fluxes and dynamics of Moreno Glacier, Southern Patagonia Icefield. Geophysical Research Letters, 1998, 25 (9): 1407-1410.

[3] Derauw D. DInSAR and Coherence Tracking applied to glaciology: The example of Shiraze glacier. Liege: Proc. Fringe, 1999.

[4] Gray A L, Mattar K E, Vachon P W. InSAR results from the RADARSAT Antarctic Mapping Mission data: estimation of glacier motion using a simple registration procedure. IEEE International Geoscience & Remote Sensing Symposium, 1998.

[5] Michel R, Avouac J P, Taboury J. Measuring ground displacements from SAR amplitude images: Application to the Landers Earthquake. Geophysical Research Letters, 1999, 26: 875-878.

[6] Meade C, Sandwell D. Synthetic aperture radar for geodesy (cover story). Science, 1996, 273: 1181-1182.

[7] 刘国祥，丁晓利，李志林，等．星载 SAR 复数图像的配准．测绘学报，2001，30（1）：60-66.

[8] John C, Robert N. Synthetic aperture radar systems and signal processing. New York: Wiley-Interscience, 1991.

[9] Fan H, Gao X, Yang J, et al. Monitoring mining subsidence using a combination of phase-stacking and offset-tracking methods. Remote Sensing, 2015, 7: 9166-9183.

[10] Ou D, Tan K, Yan S. Using D-InSAR and offset tracking technique to monitor mining subsidence. IEEE: International Workshop on Earth Observation and Remote Sensing Applications (EORSA), 2016.

[11] Ou D, Tan K, Du Q, et al. Decision Fusion of D-InSAR and pixel offset tracking for coal mining deformation monitoring. Remote Sensing, 2018, 10: 1055.

[12] Zhang L, Liao M, Balz T, et al. Monitoring landslide activities in the Three Gorges Area with

multi-frequency satellite SAR data sets. Modern Technologies for Landslide Monitoring and Prediction, 2015: 181-208.

[13] Peltzer G, Frédéric C, Rosen P. The Mw 7.1, Hector Mine, California earthquake: surface rupture, surface displacement field, and fault slip solution from ERS SAR data. Comptes Rendus de l'Academie des ences Series IIA Earth and Planetary ence, 2001, 333 (9): 545-555.

[14] Fialko Y, Simons M, Agnew D. The complete 3-D surface displacement field in the epicentral area of the 1999 MW 7.1 Hector Mine Earthquake, California, from space geodetic observations. Geophysical Research Letters, 2001, 28 (16): 3063-3066.

[15] Wang T, Jonsson S. Improved SAR amplitude image offset measurements for deriving three-dimensional coseismic displacements. IEEE Journal of Selected Topics in Applied Earth Observations and Remote Sensing, 2015, 8: 3271-3278.

[16] Kobayashi T. Remarkable ground uplift and reverse fault ruptures for the 2016 Kumamoto earthquake foreshocks (M j 6.5 and M j 6.4) revealed by conventional and multiple-aperture InSAR. Earth. Planets and Space, 2017, 69 (7): 10.1186/s40623-016-0594.

[17] Wang Z, Zhang R, Wang X, et al. Retrieving Three-Dimensional Co-Seismic Deformation of the 2017 Mw7.3 Iraq Earthquake by Multi-Sensor SAR Images. Remote Sensing, 2018, 10: 857.

[18] Strozzi T, Luckman A, Murray T, et al. Glacier motion estimation using SAR offset-tracking procedures. IEEE Transactions on Geoscience and Remote Sensing, 2002, 40: 2384-2391.

[19] Yan S, Ruan Z, Liu G, et al. Deriving ice motion patterns in mountainous regions by integrating the intensity-based pixel-tracking and phase-based D-InSAR and MAI approaches: a case study of the Chongce Glacier. Remote Sensing, 2016, 8: 611.

[20] Bechor N B D, Zebker H A. Measuring two-dimensional movements using a single InSAR pair. Geophysical Research Letters, 2006, 33 (16): 275-303.

[21] Jung H S, Won J S, Kim S W. An Improvement of the Performance of Multiple-Aperture SAR Interferometry (MAI). IEEE Transactions on Geoscience and Remote Sensing, 2009, 47: 2859-2869.

[22] Rodriguez E. Theory and design of interferometric synthetic aperture radars. IEEE Proceedings Radar and Signal Processing, 1992, 139 (2): 147-159.

[23] Jung H S, Lu Z, Won J S, et al. Mapping Three-Dimensional Surface Deformation by Combining Multiple-Aperture Interferometry and Conventional Interferometry: Application to the June 2007 Eruption ofKilauea Volcano, Hawaii. IEEE Geoscience and Remote Sensing Letters, 2011, 8: 34-38.

[24] Jo M J, Jung H S, Won J S, et al. Measurement of three-dimensional surface deformation by Cosmo-SkyMed X-band radar interferometry: Application to the March 2011 Kamoamoa fissure

eruption, Kīlauea Volcano, Hawai'i. Remote Sensing of Environment, 2015, 169: 176-191.

[25] Jo M J, Jung H S, Won J S. Measurement of precise three-dimensional volcanic deformations viaTerraSAR-X synthetic aperture radar interferometry. Remote Sensing of Environment, 2017, 192: 228-237.

[26] Hu J, Li Z W, Ding X L, et al. 3D coseismic Displacement of 2010 Darfield, New Zealand earthquake estimated from multi- aperture InSAR and D-InSAR measurements. Journal of Geodesy, 2012, 86: 1029-1041.

[27] Wang X, Liu G, Yu B, et al. 3D coseismic deformations and source parameters of the 2010 Yushu earthquake (China) inferred from DInSAR and multiple-aperture InSAR measurements. Remote Sensing of Environment, 2014, 152: 174-189.

[28] Kobayashi T. Earthquakerupture properties of the 2016 Kumamoto earthquake foreshocks (M j 6. 5 and M j 6. 4) revealed by conventional and multiple-aperture InSAR. Earth, Planets and Space, 2017, 69: 1-12.

[29] Gourmelen N, Kim S W, Shepherd A, et al. Ice velocity determined using conventional and multiple-aperture InSAR. Earth and Planetary Science Letters, 2011, 307: 156-160.

[30] Mcmillan M, ShepherdA, Gourmelen N, et al. Mapping ice-shelf flow with interferometric synthetic aperture radar stacking. Journal of Glaciology, 2017, 58: 265-277.

[31] Hu J, Li Z W, Li J, et al. 3- D movement mapping of the alpine glacier in Qinghai- Tibetan Plateau by integrating D-InSAR, MAI and Offset-Tracking: Case study of the Dongkemadi Glacier. Global and Planetary Change, 2014, 118: 62-68.

第4章 基于多源数据融合的 InSAR 三维形变测量方法

4.1 引言

通过第2、第3章的介绍，了解到利用同一轨道获取的 SAR 数据可以提供两个方向上的形变监测结果，即通过 D-InSAR 或 POT 技术获取的 LOS 向形变，以及通过 MAI 或 POT 技术获取的方位向形变。其中，以 D-InSAR 技术获取的 LOS 向形变精度最高，理论上可以达到毫米级，甚至亚毫米级[1]；其次是 MAI 技术获取的方位向形变，其误差至少为 D-InSAR 结果的两倍[2]；而 POT 技术可以同时获取 LOS 向和方位向形变，虽然精度只能达到 SAR 数据分辨率的 1/30 ~ 1/10，但是具有较强的抵抗失相干的能力[3]。因此，这三种技术提供的形变结果具有很好的互补性。然而，仅靠一个轨道的 SAR 数据仍然无法获得地表的真实三维形变场。

目前的 SAR 卫星都是极轨卫星，其全称是“近极地太阳同步轨道卫星”。这种卫星的特点是绕地球南北两极运行，以一定的时间间隔（即重返周期）经过同一地区，并且每次经过时其轨道、姿态、时间等都基本相同，因此其获取的 SAR 影像具有干涉性。但是，由于卫星保持与太阳同步，在一次重返周期的中间时刻，SAR 卫星还会以另一种轨道经过同一个地区。因此，极轨卫星可以在升轨（卫星从南向北飞）和降轨（卫星从北向南飞）两种模式下获取同一个地区的 SAR 影像。虽然升轨和降轨 SAR 数据之间不能做干涉，但是这两种轨道可以提供两种不同成像几何的 InSAR 观测结果。同时，目前不同平台的

SAR 卫星（如 ALOS-2、Sentinel-1A/B 等）数量较多，弥补了单一卫星平台数据缺失的问题，极大地提升了 InSAR 地表形变的监测能力。因此，为了获取研究区域的三维地表形变，通常需要融合多平台（如 ALOS-2、Sentinel-1A/B 等）、多轨道（如升轨和降轨）、多技术（如 D-InSAR、POT 和 MAI 等）等多源异质 InSAR 观测数据。

获取最优的三维形变估值关键在于建立多源异质 InSAR 观测数据的函数模型和随机模型。函数模型描述的是观测值与未知参数之间确定性关系的数学表达式，是观测值与未知参数真值（平差值）应该满足的关系。通常情况下，可根据观测值与未知参数之间的几何或者物理关系建立相应的函数模型。然而，对于不同的观测值，其观测精度往往不尽相同，因此，在进行未知参数解算时，需要对各个观测值赋予不同的权重。随机模型表述的则是观测值的观测精度以及观测值之间可能存在的非确定性关系的数学表达式，也就是常说的方差-协方差矩阵（因数-协因数矩阵），是观测值的统计特性。确定随机模型的最终目的是实现多源异质观测资料融合时的精确定权（权矩阵，即因数-协因数矩阵的逆矩阵）。基于函数模型与随机模型，在多余观测的基础上，需要利用一种数学方法使其误差在某种准则下达到最小。最小二乘法以高斯-马尔可夫（Gauss-Markov，GM）模型为核心，通过观测误差平方和最小化找到未知参数的最佳函数匹配，目前已被广泛用于 InSAR 数据处理[4-6]。

本章将详细介绍基于多源数据融合的 InSAR 三维形变监测的经典函数模型与随机模型，在此基础上，分别给出了基于地表应力应变模型的函数模型与基于方差分量估计的随机模型建立方法。同时，本章引入了抗差估计算法以抑制 InSAR 观测值中的粗差影响，提出了 InSAR 形变观测数据自适应同质邻域的确定方法来改善地表破裂区域的三维地表形变估计效果，定义了形变精度因子变量来表征 InSAR 三维形变结果的整体精度。最后，本章通过多源异质 InSAR 观测资料融合获取了 2007 年夏威夷基拉韦厄火山活动，2016 年日本鸟取中部地震和 2016 年新西兰凯库拉地震的高精度三维地表形变场，并且基于

2016 年凯库拉地震详细分析了不同类型/数量 InSAR 观测数据对三维形变场精度的影响，为相关研究提供了重要参考。

4.2 多源数据融合的函数模型

4.2.1 经典函数模型概述

经典函数模型是根据 InSAR 观测资料与三维地表形变之间的几何关系建立的。假设 SAR 传感器以升轨飞行方式经过了某地面点，并记录了该点在 LOS 方向上的相位值和幅度值，通过 D-InSAR 技术或者 POT 技术就可以得到该点在 LOS 向上的地表形变量 d_{LOS}^{A}。根据 SAR 影像的成像几何（图 4-1）可以发现，该 LOS 向形变矢量位于由地距向（即 LOS 向在水平面的投影）和垂直向构成的二维平面中，由于地距向和垂直向相互垂直，通过图 4-1（a）的解析几何关系可以得到：

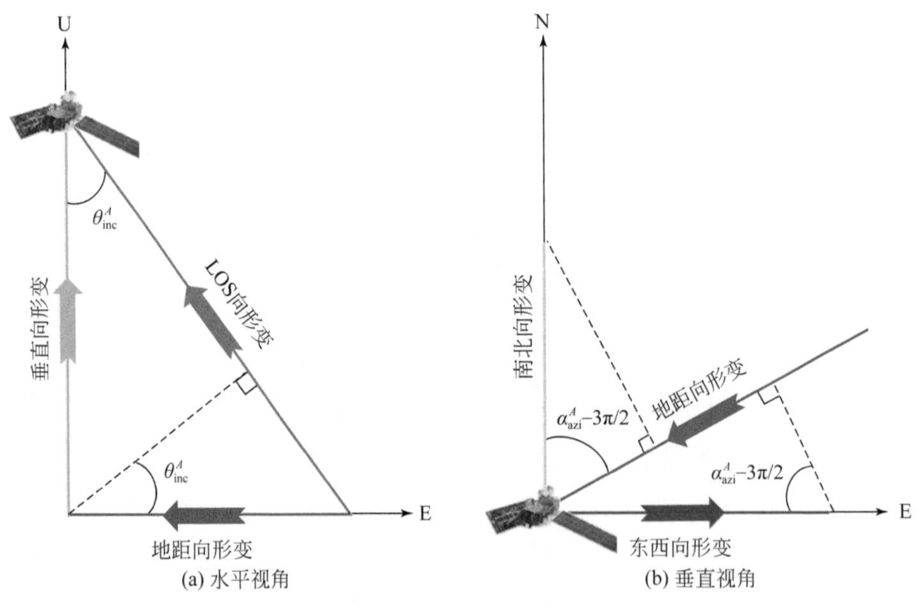

图 4-1 升轨 SAR 影像的 LOS 向形变的几何关系

图中箭头的方向均为正方向

$$d_{\mathrm{los}}^{A}=d_{\mathrm{u}}\cdot\cos\theta_{\mathrm{inc}}^{A}+d_{\mathrm{h}}\cdot\sin\theta_{\mathrm{inc}}^{A} \tag{4-1}$$

式中，d_{u} 和 d_{h} 分别是该地面点的垂直向形变矢量和地距向形变矢量；$\theta_{\mathrm{inc}}^{A}$是升轨时的雷达入射角。

从图 4-1 中还可以看出，地距向形变矢量 d_{h} 位于由东方向和北方向构成的水平面中，因此通过图 4-1（b）的解析几何关系可以得到：

$$d_{\mathrm{h}}=d_{\mathrm{e}}\cdot[-\sin(\alpha_{\mathrm{azi}}^{A}-3\pi/2)]+d_{\mathrm{n}}\cdot[-\cos(\alpha_{\mathrm{azi}}^{A}-3\pi/2)] \tag{4-2}$$

式中，d_{e} 和 d_{n} 分别是该地面点的东西向和南北向形变矢量；$\alpha_{\mathrm{azi}}^{A}$是升轨时的方位角，即北方向和卫星的飞行方向的夹角（顺时针旋转）；而 $\alpha_{\mathrm{azi}}^{A}-3\pi/2$ 是北方向和地距向的夹角（顺时针旋转）。将式（4-2）代入式（4-1）中，则可以建立在升轨情况下 LOS 向形变矢量和三维地表形变矢量的关系[7,8]：

$$d_{\mathrm{los}}^{A}=-d_{\mathrm{e}}\cdot\sin\theta_{\mathrm{inc}}^{A}\cdot\sin(\alpha_{\mathrm{azi}}^{A}-3\pi/2)-d_{\mathrm{n}}\cdot\sin\theta_{\mathrm{inc}}^{A}\cdot\cos(\alpha_{\mathrm{azi}}^{A}-3\pi/2)+d_{\mathrm{u}}\cdot\cos\theta_{\mathrm{inc}}^{A} \tag{4-3}$$

而对于该地面点而言，还可以利用 MAI 或者 POT 技术获取该点在方位向上的地表形变量 d_{azi}^{A}。方位向也位于东方向和北方向构成的水平面中，因此根据图 4-2的解析几何关系可以建立方位向形变矢量与三维地表形变矢量的关系[8,9]：

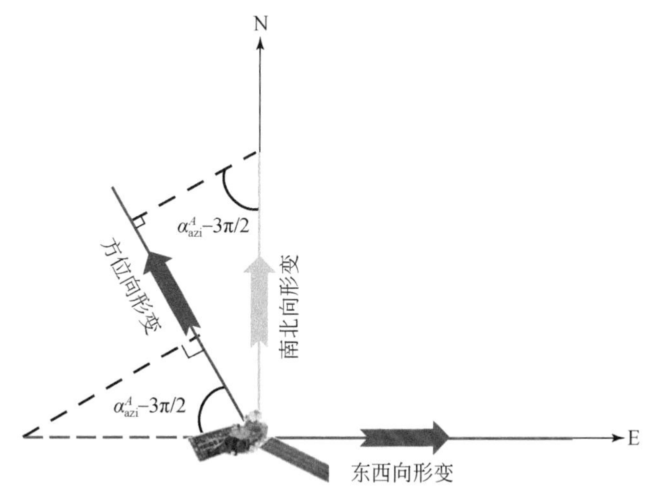

图 4-2　升轨 SAR 影像的方位向形变的几何关系

图中箭头的方向均为正方向

$$d_{\mathrm{azi}}^{A}=-d_{\mathrm{e}}\cdot\cos(\alpha_{\mathrm{azi}}^{A}-3\pi/2)+d_{\mathrm{u}}\cdot\sin(\alpha_{\mathrm{azi}}^{A}-3\pi/2) \tag{4-4}$$

同理，在降轨情况下，同样可以构建 LOS 向形变矢量 d_{los}^{D}、方位向形变矢量 d_{azi}^{D} 和三维地表形变矢量的关系：

$$d_{\mathrm{los}}^{D}=-d_{\mathrm{e}}\cdot\sin\theta_{\mathrm{inc}}^{D}\cdot\sin(\alpha_{\mathrm{azi}}^{D}-3\pi/2)-d_{\mathrm{n}}\cdot\sin\theta_{\mathrm{inc}}^{D}\cdot\cos(\alpha_{\mathrm{azi}}^{D}-3\pi/2)+d_{\mathrm{u}}\cdot\cos\theta_{\mathrm{inc}}^{D} \tag{4-5}$$

$$d_{\mathrm{azi}}^{D}=-d_{\mathrm{e}}\cdot\cos(\alpha_{\mathrm{azi}}^{D}-3\pi/2)+d_{\mathrm{u}}\cdot\sin(\alpha_{\mathrm{azi}}^{D}-3\pi/2) \tag{4-6}$$

式中，$\theta_{\mathrm{inc}}^{D}$ 和 $\alpha_{\mathrm{azi}}^{D}$ 分别代表降轨时的雷达入射角和方位角。

通常情况下，雷达卫星通过向轨道飞行方向的右下方向发射电磁波来获取地表信息，此时称之为右视成像。对于个别卫星，如 ALOS-2 卫星，在少数区域也会进行左视成像。上述式（4-3）和式（4-5）表示的是 SAR 卫星在右视成像时 LOS 向形变量与三维地表形变的关系，根据成像几何易得，当左视成像时，式（4-3）和式（4-5）的东西向形变与南北向形变的系数需乘以−1，垂直向形变系数不变。同时易得，方位向形变观测值与三维地表形变的几何关系［式（4-4）和式（4-6）］在左视或者右视的成像条件下是不变的。

在此，为了方便读者理解及扩展应用，给出 InSAR 形变观测值 d_{insar} 与三维地表形变之间成像几何关系的一般性公式：

$$d_{\mathrm{insar}}=a\cdot d_{\mathrm{e}}+b\cdot d_{\mathrm{n}}+c\cdot d_{\mathrm{u}}$$

$$\text{当 } d_{\mathrm{insar}} \text{ 为 LOS 向观测时，}\begin{cases}a=\mathrm{lr}\cdot\sin\theta_{\mathrm{inc}}\cdot\sin(\alpha_{\mathrm{azi}}-3\pi/2)\\ b=\mathrm{lr}\cdot\sin\theta_{\mathrm{inc}}\cdot\cos(\alpha_{\mathrm{azi}}-3\pi/2)\\ c=\cos\theta_{\mathrm{inc}}\end{cases}\quad \mathrm{lr}=\begin{cases}1 & \text{左视}\\ -1 & \text{右视}\end{cases}$$

$$\text{当 } d_{\mathrm{insar}} \text{ 为方位向观测时，}\begin{cases}a=-\cos(\alpha_{\mathrm{azi}}^{D}-3\pi/2)\\ b=\sin(\alpha_{\mathrm{azi}}^{D}-3\pi/2)\\ c=0\end{cases} \tag{4-7}$$

式中，θ_{inc} 和 α_{azi} 分别是卫星获取 SAR 影像时的雷达入射角和方位角。

为方便读者理解，下面仍以右视情况下升轨和降轨的 LOS 和方位向四个 InSAR 观测数据为例进行阐述（图 4-3）。将式（4-3）~式（4-6）写成矩阵的形式，则有

$$\boldsymbol{L}^0 = \boldsymbol{B}^0 \cdot \boldsymbol{d}_{\text{enu}} \tag{4-8}$$

其中 $\boldsymbol{L}^0 = [d_{\text{los}}^A \quad d_{\text{azi}}^A \quad d_{\text{los}}^D \quad d_{\text{azi}}^D]^{\text{T}}$；$\boldsymbol{d}_{\text{enu}} = [d_e \quad d_n \quad d_u]^{\text{T}}$；$\boldsymbol{B}^0$ 为系数矩阵，

$$\boldsymbol{B}^0 = \begin{bmatrix} \cos\theta_{\text{inc}}^A & -\sin\theta_{\text{inc}}^A \sin(\alpha_{\text{azi}}^A - 3\pi/2) & -\sin\theta_{\text{inc}}^A \cos(\alpha_{\text{azi}}^A - 3\pi/2) \\ 0 & -\cos(\alpha_{\text{azi}}^A - 3\pi/2) & \sin(\alpha_{\text{azi}}^A - 3\pi/2) \\ \cos\theta_{\text{inc}}^D & -\sin\theta_{\text{inc}}^D \sin(\alpha_{\text{azi}}^D - 3\pi/2) & -\sin\theta_{\text{inc}}^D \cos(\alpha_{\text{azi}}^D - 3\pi/2) \\ 0 & -\cos(\alpha_{\text{azi}}^D - 3\pi/2) & \sin(\alpha_{\text{azi}}^D - 3\pi/2) \end{bmatrix}$$

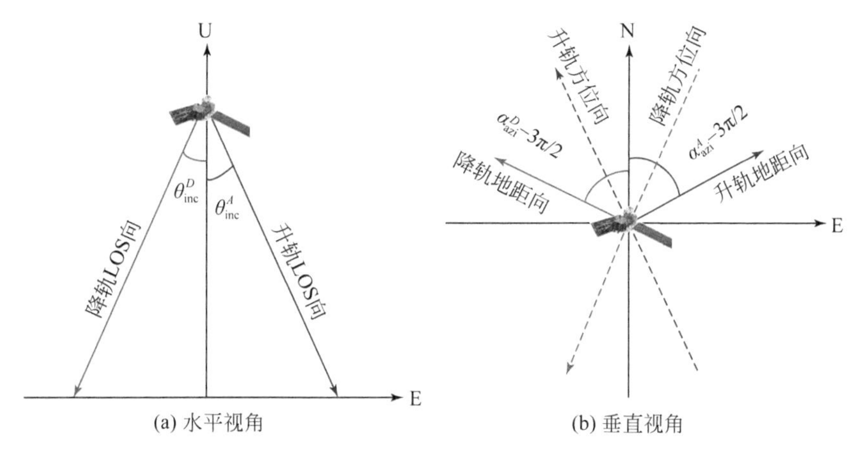

图 4-3　升降轨 SAR 影像的成像几何

此时即建立了 InSAR 三维地表形变估计的函数模型，由此可见，建立函数模型的最终形式即是确定观测值向量 $\boldsymbol{L}^0$ 与未知参数向量 $\boldsymbol{d}_{\text{enu}}$ 之间的系数矩阵 $\boldsymbol{B}^0$。需要注意的是，本节中的观测值向量 $\boldsymbol{L}^0$ 与系数矩阵 $\boldsymbol{B}^0$ 均有上标 0，这是为了与后续 4. 2. 2 节对应的变量区分。

具体地，以 ALOS-2 卫星扫描式宽幅数据为例，升降轨入射角、方位角及 LOS 向和方位向对应的系数矩阵见表 4-1，该矩阵条件数仅为 1. 6，显示了式 (4-8) 良好的适定性。这说明在升降轨的配置下，LOS 向形变和方位向形变能够很好地估计三维地表形变。同时，利用升降轨，左右视数据也可以较好地估计三维地表形变。以 ALOS-2 卫星条带模式数据为例，其入射角、方位角及对应的系数矩阵如表 4-2

所示，该矩阵条件数为 5.9，说明了在升降轨左右视的配置下，同样可以较好地估计三维地表形变，并且由于此配置下，仅基于 D-InSAR 获得的 LOS 向数据估计三维地表形变结果，其精度应当比升降轨 LOS 向形变和方位向形变的数据配置得到的三维地表形变结果精度更高。

表 4-1　ALOS-2 卫星扫描式宽幅数据参数示例

升/降轨	入射角/(°)	方位角/(°)	LOS 向/方位向	系数矩阵
升轨	29	-16	LOS 向	[-0.47, -0.13, 0.87]
			方位向	[-0.27, 0.96, 0]
降轨	43	-162	LOS 向	[-0.65, -0.21, 0.73]
			方位向	[-0.31, 0.95, 0]

表 4-2　ALOS-2 卫星条带模式左右视数据参数示例

升/降轨	左/右视	入射角/(°)	方位角/(°)	系数矩阵
升轨	左视	43	-16	[0.66, 0.19, 0.73]
升轨	右视	32	-11	[-0.52, -0.10, 0.85]
降轨	左视	36	-165	[-0.57, 0.15, 0.81]
降轨	右视	32	-169	[0.52, -0.10, 0.85]

然而正如引言中所说，InSAR 的测量值被噪声污染，因此式（4-8）需要写成

$$\boldsymbol{L}=\boldsymbol{B}\cdot \boldsymbol{d}_{\mathrm{enu}}+\boldsymbol{V} \tag{4-9}$$

式中，$\boldsymbol{V}$ 为 InSAR 的 LOS 向和方位向观测量的观测噪声。在一般情况下，可认为 InSAR 的观测噪声具有高斯性[10]。此时，利用最小二乘准则 $\boldsymbol{V}^{\mathrm{T}}\boldsymbol{P}\boldsymbol{V}=\min$，加权最小二乘（weighted least squares，WLS）法就可以得到三维地表形变的最佳估值[11]：

$$\hat{d}_{\mathrm{enu}}=(\boldsymbol{B}^{\mathrm{T}}\boldsymbol{P}\boldsymbol{B})^{-1}\boldsymbol{B}^{\mathrm{T}}\boldsymbol{P}\boldsymbol{L} \tag{4-10}$$

以及三维地表形变估值的方差-协方差阵：

$$\sum\nolimits_{\hat{d}_{\mathrm{enu}}}=\frac{(\boldsymbol{B}\hat{d}_{\mathrm{enu}}-\boldsymbol{L})^{\mathrm{T}}\boldsymbol{P}(\boldsymbol{B}\hat{d}_{\mathrm{enu}}-\boldsymbol{L})(\boldsymbol{B}^{\mathrm{T}}\boldsymbol{P}\boldsymbol{B})^{-1}}{r} \tag{4-11}$$

式中，r 代表多余观测数；$\boldsymbol{P} = (\mathrm{diag}((\sigma_{\mathrm{LOS}}^{A})^2, (\sigma_{\mathrm{AZI}}^{A})^2, (\sigma_{\mathrm{LOS}}^{D})^2, (\sigma_{\mathrm{AZI}}^{D})^2))^{-1}$，diag(·) 表示对角阵，而 $\sigma_{\mathrm{LOS}}^{A}$、$\sigma_{\mathrm{AZI}}^{A}$、$\sigma_{\mathrm{LOS}}^{D}$和 $\sigma_{\mathrm{AZI}}^{D}$则分别为 InSAR 观测量 D_{LOS}^{A}、D_{AZI}^{A}、D_{LOS}^{D}和 D_{AZI}^{D}的标准差，这些标准差的确定将在 4.3 节中详细介绍。值得注意的是，当利用式（4-10）获取所有点的三维形变时，采用的是逐点计算的方式，而且也没有考虑相邻点之间的关系。

4.2.2 基于地表应力应变的函数模型

经典函数模型仅考虑了 InSAR 观测资料与三维地表形变之间的几何关系。然而地表形变是地表应力发生变化后的产物，不同地表点形变之间存在一定的物理力学关系，因此仅靠几何模型无法准确反映 InSAR 观测值真值与三维形变未知参数真值（平差值）之间的确定性关系。地表应力应变模型（strain model，SM）以弹性力学为基础，描述的是地表邻近点三维形变之间的物理力学函数关系[12,13]。因此，本节将详细介绍综合考虑 InSAR 观测数据与三维地表形变之间的几何关系以及地表邻近点三维形变之间的物理力学关系（即 SM）的 InSAR 三维形变估计函数模型。

基于地表应力应变模型可知，当发生地震、火山喷发、滑坡等地壳活动时，地表可认为是均匀应变场[12,14]。假设有地表邻近两点 P^0 和 P^k，对应的三维坐标和三维形变分别为 $\boldsymbol{x}^0 = [x_{\mathrm{e}}^0 \quad x_{\mathrm{n}}^0 \quad x_{\mathrm{u}}^0]^{\mathrm{T}}$，$\boldsymbol{d}^0 = [d_{\mathrm{e}}^0 \quad d_{\mathrm{n}}^0 \quad d_{\mathrm{u}}^0]^{\mathrm{T}}$，$\boldsymbol{x}^k = [x_{\mathrm{e}}^k \quad x_{\mathrm{n}}^k \quad x_{\mathrm{u}}^k]^{\mathrm{T}}$，$\boldsymbol{d}^k = [d_{\mathrm{e}}^k \quad d_{\mathrm{n}}^k \quad d_{\mathrm{u}}^k]^{\mathrm{T}}$，那么根据地表应力应变模型可得

$$\boldsymbol{d}^k = \boldsymbol{H} \cdot \boldsymbol{\Delta}^k + \boldsymbol{d}^0 \tag{4-12}$$

式中，$\boldsymbol{\Delta}^k = x^k - x^0 = [\Delta x_{\mathrm{e}}^k \quad \Delta x_{\mathrm{n}}^k \quad \Delta x_{\mathrm{u}}^k]^{\mathrm{T}}$；$\boldsymbol{H}$ 是应力应变模型未知参数矩阵，可表示为

$$\boldsymbol{H} = \begin{bmatrix} \xi_{\mathrm{ee}} & \xi_{\mathrm{en}} & \xi_{\mathrm{eu}} \\ \xi_{\mathrm{en}} & \xi_{\mathrm{nn}} & \xi_{\mathrm{nu}} \\ \xi_{\mathrm{eu}} & \xi_{\mathrm{nu}} & \xi_{\mathrm{uu}} \end{bmatrix} + \begin{bmatrix} 0 & -\omega_{\mathrm{en}} & \omega_{\mathrm{eu}} \\ \omega_{\mathrm{en}} & 0 & -\omega_{\mathrm{nu}} \\ -\omega_{\mathrm{eu}} & \omega_{\mathrm{nu}} & 0 \end{bmatrix} \tag{4-13}$$

式中，ξ 和 ω 是地表应力应变模型中的应变参数和旋转参数。进而可将式（4-12)写成

$$\boldsymbol{d}^k=\boldsymbol{B}_{\mathrm{sm}}^k\cdot\boldsymbol{l} \tag{4-14}$$

其中，

$$\boldsymbol{B}_{\mathrm{sm}}^k=\begin{bmatrix}1 & 0 & 0 & \Delta x_{\mathrm{e}}^k & \Delta x_{\mathrm{n}}^k & \Delta x_{\mathrm{u}}^k & 0 & 0 & 0 & -\Delta x_{\mathrm{n}}^k & \Delta x_{\mathrm{u}}^k & 0\\ 0 & 1 & 0 & 0 & \Delta x_{\mathrm{e}}^k & 0 & \Delta x_{\mathrm{n}}^k & \Delta x_{\mathrm{u}}^k & 0 & \Delta x_{\mathrm{e}}^k & 0 & -\Delta x_{\mathrm{u}}^k\\ 0 & 0 & 1 & 0 & 0 & \Delta x_{\mathrm{e}}^k & 0 & \Delta x_{\mathrm{n}}^k & \Delta x_{\mathrm{u}}^k & 0 & -\Delta x_{\mathrm{e}}^k & \Delta x_{\mathrm{n}}^k\end{bmatrix}$$

代表地表应力应变模型系数矩阵。$\boldsymbol{l}=[d_{\mathrm{e}}^0\quad d_{\mathrm{n}}^0\quad d_{\mathrm{u}}^0\quad \xi_{\mathrm{ee}}\quad \xi_{\mathrm{en}}\quad \xi_{\mathrm{eu}}\quad \xi_{\mathrm{nn}}\quad \xi_{\mathrm{nu}}\quad \xi_{\mathrm{uu}}\quad \omega_{\mathrm{en}}\quad \omega_{\mathrm{eu}}\quad \omega_{\mathrm{nu}}]^{\mathrm{T}}$ 代表点 P^0 处的未知参数向量。

进一步，假设研究区域可用的 LOS 向或者方位向的 InSAR 观测共有 J 类，如表 4-1、表 4-2 中所对应的示例 $J=4$，在 P^k 处的第 $j(j=1,2,\cdots,J)$ 类观测所对应的观测数据为 L_j^k。同时假设第 j 类观测所对应的卫星获取数据时的方位角和入射角分别为 α_j^k 和 θ_j^k，则根据 InSAR 观测值与三维地表形变之间的几何关系可得

$$\boldsymbol{L}_j^k=\boldsymbol{B}_{\mathrm{geo},j}^k\cdot\boldsymbol{d}^k \tag{4-15}$$

式中，$\boldsymbol{B}_{\mathrm{geo},j}^k=[a_j^k\quad b_j^k\quad b_j^k]^{\mathrm{T}}$ 可根据式（4-7）得到。综合式（4-14）和式（4-15)，可得

$$\boldsymbol{L}_j^k=\boldsymbol{B}_j^k\cdot\boldsymbol{l} \tag{4-16}$$

其中，

$$\begin{aligned}\boldsymbol{B}_j^k=\boldsymbol{B}_{\mathrm{sm}}^k\cdot\boldsymbol{B}_{\mathrm{geo},j}^k=[&a_j^k\quad b_j^k\quad c_j^k\quad a_j^k\Delta x_{\mathrm{e}}^k\quad a_j^k\Delta x_{\mathrm{n}}^k+b_j^k\Delta x_{\mathrm{e}}^k\quad a_j^k\Delta x_{\mathrm{u}}^k+c_j^k\Delta x_{\mathrm{e}}^k\\ &b_j^k\Delta x_{\mathrm{n}}^k\quad b_j^k\Delta x_{\mathrm{u}}^k+c_j^k\Delta x_{\mathrm{n}}^k\quad c_j^k\Delta x_{\mathrm{u}}^k\quad -b_j^k\Delta x_{\mathrm{u}}^k+c_j^k\Delta x_{\mathrm{n}}^k\\ &a_j^k\Delta x_{\mathrm{u}}^k-c_j^k\Delta x_{\mathrm{e}}^k\quad -a_j^k\Delta x_{\mathrm{n}}^k+b_j^k\Delta x_{\mathrm{e}}^k]\end{aligned}$$

假设点 P^0 周围有 K_j 个第 j 类 InSAR 观测可用于估计未知参数向量 $\boldsymbol{l}$，则最终可得

$$\boldsymbol{L}=\boldsymbol{B}\cdot\boldsymbol{l} \tag{4-17}$$

其中，

$\boldsymbol{L}=[(L_1)^{\mathrm{T}},(L_2)^{\mathrm{T}},\cdots,(L_j)^{\mathrm{T}},\cdots,(L_J)^{\mathrm{T}}]^{\mathrm{T}}$,

$\boldsymbol{L}_j=[L_j^1,L_j^2,\cdots,L_j^k,\cdots,L_j^{K_j}]^{\mathrm{T}}$,

$\boldsymbol{B}=[(B_1)^{\mathrm{T}}, (B_2)^{\mathrm{T}}, \cdots, (B_j)^{\mathrm{T}}, \cdots, (B_J)^{\mathrm{T}}]^{\mathrm{T}}$,

$\boldsymbol{B}_j=[(B_j^1)^{\mathrm{T}}, (B_j^2)^{\mathrm{T}}, \cdots, (B_j^k)^{\mathrm{T}}, \cdots, (B_j^{K_j})^{\mathrm{T}}]^{\mathrm{T}}$。

此时即建立了综合考虑 InSAR 观测资料与三维地表形变之间的几何关系以及地表邻近点三维形变之间的物理力学关系的 InSAR 三维形变估计函数模型。图 4-4给出了基于地表应力应变模型建立 InSAR 三维形变测量函数模型的示意图，方便读者更加清楚地了解函数模型构建过程。

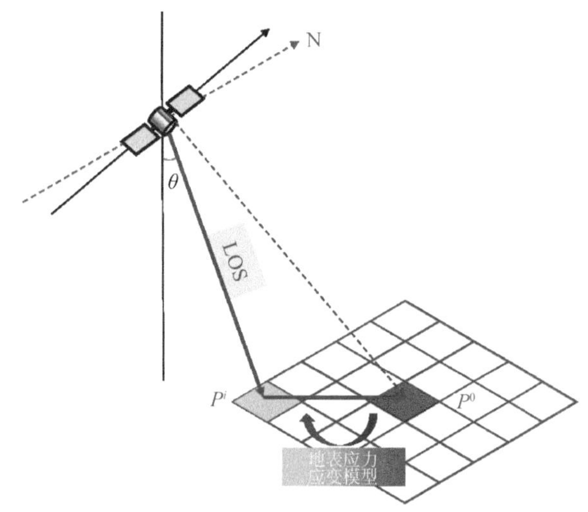

图 4-4　基于地表应力应变模型建立 InSAR 三维形变测量函数模型的示意图

具体地，基于地表应力应变模型建立邻近点（P^i 和 P^0）三维形变之间的函数关系［即式（4-14）］。进而，顾及卫星成像几何信息，建立 P^i 处 InSAR 观测值和三维形变之间的函数关系［即式（4-15）］。因此，即可建立 P^i 处 InSAR 观测值和 P^0 处三维形变之间的函数关系［即式（4-16），图中的蓝色实线箭头］。对于传统 InSAR 三维形变测量函数模型而言，仅考虑了几何关系，即仅能建立 P^0 处 InSAR 观测值和 P^0 处三维形变之间的一个方程（即图中的蓝色虚线箭头）

4.3　多源数据融合的随机模型

4.3.1　经典随机模型概述

如 4.1 节所述，随机模型表述的是观测值的观测精度以及观测值之间可能存在的非确定性关系的数学表达式，也就是常说的方差-协方差矩阵。多源 InSAR 观测资料是通过多平台、多轨道、多技术等途径获得的，常常被认为是相互独立的。因此，本节介绍的随机模型将只考虑多源异质观测数据的观测精度（即方差或标准差），不考虑不同观测数据之间可能存在的非确定性关系（即协方差）。基于此，建立多源异质 InSAR 观测数据的随机模型即确定各类观测值的方差（或标准差）。本节将介绍目前国际上几种主流的估计 InSAR 观测资料方差的方法。

（1）远场半变异函数拟合

首先选取远离形变区域的远场区域，假设这些远场区域数据中不含形变信息而只含有误差信息，其统计特性服从各向同性特征，因此，各点之间的相关关系只与点之间的距离有关。研究表明，通过实验变异函数可以很好地表征 InSAR 观测误差[15]：

$$C(h)=C_0\cdot \mathrm{e}^{\frac{-h}{s}} \tag{4-18}$$

式中，$C(h)$ 为距离为 h 的像素之间的协方差函数；C_0 是所选区域影像的方差；s 是相关距离。使用非线性最小二乘法拟合函数中的待定系数 C_0 和 s。但是，由于不能保证所选的远场区域一定不包含形变，该方法的精度受到一定限制。此外，该方法假设远场区域和整个区域的数据统计特性是一致的，每景影像只能获得一个同样的误差，但是由于大气噪声、地形、植被等因素的空间差异性，这种假设得到的随机模型是不够精确的。

（2）逐像素各态历经性假设

以所估计的观测点为中心，在 SAR 影像中开一个规则窗口，并假设窗口内的所有点的观测量服从各态历经过程，则该观测点的测量标准差可以近似地利用式（4-19）进行估计[6]：

$$\sigma=\left(\frac{\sum_{N}\left(D(i,j)-\overline{D}(i,j)\right)^2}{N-1}\right)^{\frac{1}{2}} \tag{4-19}$$

式中，$D(i,j)$ 是窗口内相应观测点的形变观测量；$\overline{D}(i,j)$ 是窗口内所有观测点的形变观测量的平均值；N 是窗口内像素的个数。该方法简单易操作，且影像上的每个像素都可以计算得到一个标准差。但是，该方法假设观测量在一定尺寸的空间范围内服从各态历经过程，但是实践证明，当窗口较小时该假设并不满足，但窗口过大也容易受到异质点的干扰，所以这种方法在很多情况下也不能够精确地反映观测量精度[9]。

（3）基于干涉相干性的 InSAR 方差估计

干涉相干性是用来衡量两幅 SAR 影像之间的相似程度或者干涉图的质量。文献[16]给出了基于干涉相干性的 InSAR 形变监测方差估计方法：

$$\sigma^2 = \frac{\lambda}{4\pi}\sqrt{\frac{1-\gamma^2}{2N_{\mathrm{L}}\gamma^2}} \tag{4-20}$$

式中，γ 是干涉相干性；N_{L} 是有效多视数；λ 是雷达波长。该方法可直接根据干涉相干性较为准确地反映 InSAR 观测量的时空失相干噪声，操作简单易行。但是，精确计算相干性本来就是一个难题[1,17]，且大气噪声在相干性中难以完全体现[18]，使得这种方法并不能准确地反映 InSAR 形变监测的精度。

4.3.2 基于方差分量估计的随机模型

经典随机模型基于某些假设确定的先验方差，在一定程度上可以表征多源 InSAR 观测资料的精度。但是，InSAR 观测资料受多源观测误差的影响，其先验方差往往难以甚至是不可能准确获知的。例如，D-InSAR 形变观测量的方差取决于时空失相干噪声和大气噪声。POT 的观测误差虽然也与相干性相关，但是还受到过采样和匹配窗口的影响，目前还没有一个确切的理论计算公式[19]。MAI 观测误差也取决于相干性，一般而言，它至少是 D-InSAR 观测误差的两倍以上，但是还需要考虑基线误差和电离层误差的影响[20]。

方差分量估计（variance component estimation，VCE）是一种方差

验后估计的算法，其首先对各类观测量进行初始定权，并利用最小二乘法进行预平差，然后依据一定原则利用平差得到的观测值改正数来迭代估计观测量的方差，直至各类的观测值的单位权中误差相等[11,21]。实践证明，VCE 算法可以得到各类观测资料精确的方差，为获取高精度未知参数估值提供了保障[22]。然而，VCE 算法是根据观测值统计特性推导出的改正数二次型向量与单位权中误差之间的转换公式，冗余观测数（即观测值大于未知参数的个数）将直接影响该算法所得到各类观测值方差的可靠性。InSAR 三维形变估计的经典函数模型能提供的冗余观测非常有限，因此难以应用 VCE 确定各类观测资料的最优随机模型。在 4.2.2 节中，我们介绍了一种基于地表应力应变的 InSAR 三维形变估计函数模型，在综合考虑 InSAR 观测资料与三维地表形变之间的几何关系以及地表邻近点三维形变之间的物理力学关系的同时，也大大增加了各类观测值的个数，为应用 VCE 算法精确确定随机模型提供了契机。基于此，本节将详细介绍基于 VCE 的 InSAR 三维地表形变随机模型估计方法。

同 4.2.2 节，假设有覆盖同一研究区域的 J 类 InSAR 观测，对于地面某监测点，第 $j(j=1, 2, \cdots, J)$ 类 InSAR 观测资料共有 K_j 个观测数据可用于建立函数模型，根据 4.2.2 节可得 J 类 InSAR 观测向量 $\boldsymbol{L}_1$，$\boldsymbol{L}_2$，…，$\boldsymbol{L}_j$，…，$\boldsymbol{L}_J$ 及其对应的系数矩阵 $\boldsymbol{B}_1$，$\boldsymbol{B}_2$，…，$\boldsymbol{B}_j$，…，$\boldsymbol{B}_J$。

进一步地，令 $\boldsymbol{N}_j=\boldsymbol{B}_j^{\mathrm{T}}\boldsymbol{W}_j\boldsymbol{B}_j$，$\boldsymbol{U}_j=\boldsymbol{B}_j^{\mathrm{T}}\boldsymbol{W}_j\boldsymbol{L}_j$，$\boldsymbol{N}=\sum_{j=1}^{J}N_j$，$\boldsymbol{U}=\sum_{j=1}^{J}U_j$，可得未知参数向量平差值为

$$\hat{l}=\boldsymbol{N}^{-1}\boldsymbol{U} \tag{4-21}$$

式中，$\boldsymbol{W}_j$ 代表第 j 类 InSAR 观测的初始权矩阵，一般取单位矩阵。进而根据方差分量估计算法可得各类 InSAR 观测值的单位权中误差向量为

$$\boldsymbol{\sigma}^2=\boldsymbol{\varPsi}^{-1}\boldsymbol{\delta} \tag{4-22}$$

式中，$\boldsymbol{\sigma}^2=[\sigma_1^2, \sigma_2^2, \cdots, \sigma_j^2, \cdots, \sigma_J^2]^{\mathrm{T}}$，其中 σ_j^2 代表第 j 类 InSAR

观测值的单位权中误差。

$$\boldsymbol{\Psi}=\begin{bmatrix} K_1-2\mathrm{tr}\,(N^{-1}N_1)+\mathrm{tr}\,(N^{-1}N_1)^2 & \mathrm{tr}\,(N^{-1}N_1N^{-1}N_2) & \cdots & \mathrm{tr}\,(N^{-1}N_1N^{-1}N_j) & \cdots & \mathrm{tr}\,(N^{-1}N_1N^{-1}N_J) \\ \mathrm{tr}\,(N^{-1}N_2N^{-1}N_1) & K_2-2\mathrm{tr}\,(N^{-1}N_2)+\mathrm{tr}\,(N^{-1}N_2)^2 & \cdots & \mathrm{tr}\,(N^{-1}N_2N^{-1}N_j) & \cdots & \mathrm{tr}\,(N^{-1}N_2N^{-1}N_J) \\ \vdots & \vdots & \ddots & & \cdots & \vdots \\ \mathrm{tr}\,(N^{-1}N_jN^{-1}N_1) & \mathrm{tr}\,(N^{-1}N_jN^{-1}N_2) & \cdots & K_1-2\mathrm{tr}\,(N^{-1}N_j)+\mathrm{tr}\,(N^{-1}N_j)^2 & \cdots & \vdots \\ \vdots & \vdots & \cdots & & \ddots & \vdots \\ \mathrm{tr}\,(N^{-1}N_JN^{-1}N_1) & \mathrm{tr}\,(N^{-1}N_JN^{-1}N_2) & \cdots & \mathrm{tr}\,(N^{-1}N_JN^{-1}N_1) & \cdots & K_1-2\mathrm{tr}\,(N^{-1}N_J)+\mathrm{tr}\,(N^{-1}N_J)^2 \end{bmatrix}$$

为 $J\times J$ 大小的矩阵，第 j 个对角线元素为 $K_j-2\mathrm{tr}\,(N^{-1}N_j)+\mathrm{tr}\,(N^{-1}N_j)^2$，第 j_1 行、第 j_2 列的非对角线元素为 $\mathrm{tr}\,(N^{-1}N_{j_1}N^{-1}N_{j_2})$，$1\leqslant j_1\leqslant J$，$1\leqslant j_2\leqslant J$ 且 $j_1\neq j_2$。$\boldsymbol{\delta}=[v_1^{\mathrm{T}}W_1v_1, v_2^{\mathrm{T}}W_2v_2, \cdots, v_j^{\mathrm{T}}W_jv_j, \cdots, v_J^{\mathrm{T}}W_Jv_J]^{\mathrm{T}}$ 代表观测值改正数二次型向量，其中 $\boldsymbol{v}_j=\boldsymbol{B}_j\cdot\hat{l}-\boldsymbol{L}_j$ 代表观测值改正数。

根据 VCE 算法可得，当各类观测值单位权中误差近似相等时，即

$$\sigma_1^2\approx\sigma_2^2\approx\cdots\approx\sigma_j^2\approx\cdots\approx\sigma_J^2 \tag{4-23}$$

此时的观测值权重矩阵为最优权阵。由于初始权重矩阵 W_j 未考虑各个观测数据之间的精度差异，即各类观测值等权，因此，式（4-22）得到的各类观测值单位权中误差往往并不满足式（4-23）。本节结合方差分量估计思路，利用式（4-24）对各类观测值权重 W_j 进行更新：

$$\hat{W}_j=\frac{\sigma_1^2}{\sigma_j^2W_j^{-1}} \tag{4-24}$$

利用式（4-24）更新观测值权重矩阵，重新计算式（4-21）和

式 (4-22)，迭代此过程直至各类观测值单位权中误差满足式 (4-23)，即 σ_j^2 之间差别小于阈值 $\Delta\sigma$。阈值 $\Delta\sigma$ 的选取可根据各类观测值的经验方差确定，如若观测值仅为 D-InSAR 观测结果，其精度往往是几毫米，因此此时可取 $\Delta\sigma = 1\text{mm}^2$。

当上述迭代过程结束时，可根据各个单位权中误差及其相应权阵计算各类观测值对应的方差矩阵为

$$\boldsymbol{V}_j = \sigma_j^2 \cdot \hat{W}_j^{-1} \tag{4-25}$$

基于上述方差分量迭代估计，式 (4-21) 即可得到最优的未知参数向量平差值 $\hat{l}$，此时即可得到三维地表形变的最优估值。为了方便后续表达及读者理解，本书将基于地表应力应变的函数模型与基于方差分量估计的随机模型求解地表三维形变的过程，简写为基于 SM 与 VCE 的 InSAR 三维地表形变估计方法，并缩写为 SM-VCE，具体实现过程也可参见文献［23］［24］。此方法的主要实现流程如图 4-5 所示。

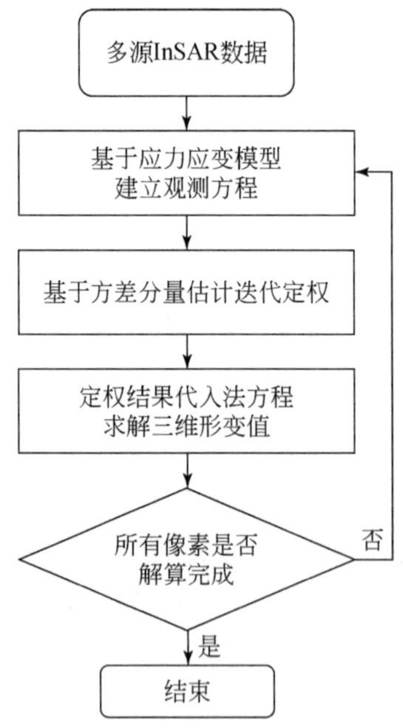

图 4-5　基于 SM-VCE 的 InSAR 三维地表形变估计方法主要实现流程

4.4 模拟实验

4.4.1 模拟数据说明

本次实验是通过地下流体模型模拟地下流体变化，生成相应的地表形变数据。由弹性半空间理论可知，地表形变的大小可根据地下块体体积变化得到。本次实验中根据[25,26]生成400像素×450像素大小的形变区域，每一像素代表30 m×30 m。

$$Z_p(m,n)=Z_{p,\max}\cdot \mathrm{e}^{-[(m^2+n^2)/g]} \tag{4-26}$$

式中，$Z_p(m,n)$ 是块体 (m,n) 的体积变化百分比；$Z_{p,\max}$是块体最大变化比（本次实验取 $Z_{p,\max}=2\times10^{-3}$）；$g$ 是控制形变梯度的变量，得到每一个块体的体积变化百分比之后即可根据体积变化百分比及三维形变之间的关系得到地表模拟形变。

$$d_{\mathrm{dir}}(x)=\int_{\mathrm{Vol}} G_{\mathrm{dir}}(x,y)Z_p(y)\mathrm{d}y \tag{4-27}$$

式中，$d_{\mathrm{dir}}(x)$ 代表点 x 处的三维形变，下标 dir=e，n，u 分别代表东西向、南北向和垂直向。$G_{\mathrm{dir}}(x,y)$ 为格林方程，可表示为

$$G_{\mathrm{dir}}(x,y)=\frac{(p+1)}{\pi}\frac{(x_{\mathrm{dir}}-y_{\mathrm{dir}})}{S^3} \tag{4-28}$$

式中，p 代表泊松比（本次实验中取 $p=0.25$）；$S=[(x_e-y_e)^2+(x_n-y_n)^2+(x_u-y_u)^2]^{1/2}$代表块体 y 与点 x 之间的距离。通过式（4-28）即可得到三维形变场［图4-6（a）~（c）］。

根据真实数据的卫星成像几何参数（见4.2节）即可反算得到LOS向与方位向的形变信息，加入不同比例的高斯噪声（升轨LOS向、升轨方位向、降轨LOS向、降轨方位向的高斯噪声均方差分别为5 mm、40 mm、7 mm和56 mm），即可得到用于模拟实验的原始数据（图4-6）。

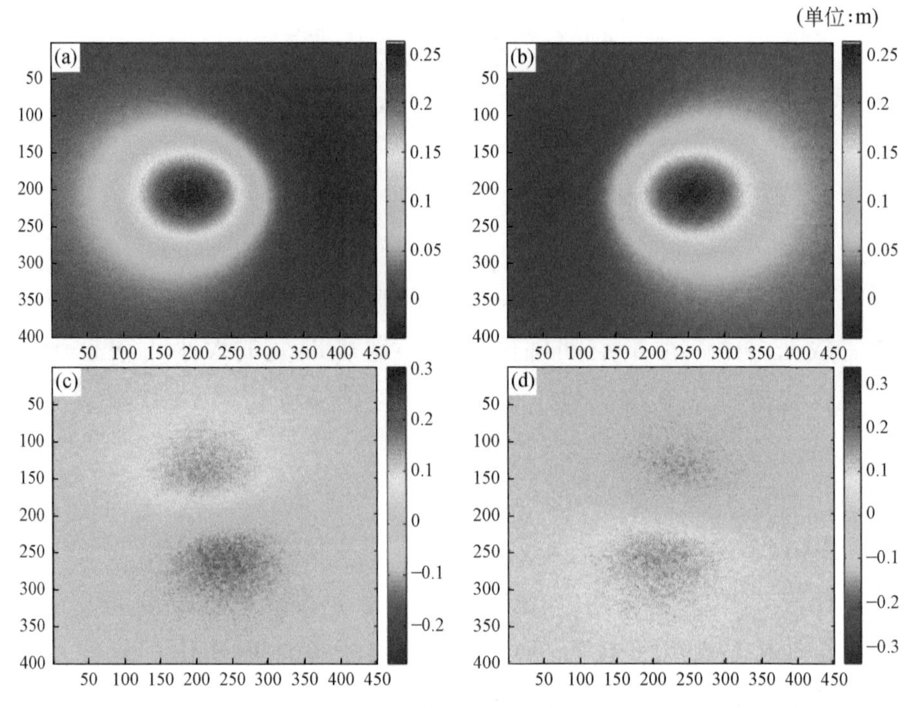

图 4-6　模拟原始数据图

(a) 升轨 LOS 向；(b) 降轨 LOS 向；(c) 升轨方位向；
(d) 降轨方位向；横纵坐标轴的数字代表相应像素的行列号

4.4.2　实验结果分析

由于应用地表应力应变模型需要假定一定区域内的形变满足该弹性力学关系，但是已有研究与方法无法根据不同研究区域、不同刚体类型等准确确定一个固定的区域范围。在本节中，为了确定一个最为合适的窗口大小来应用地表应力应变模型，我们比较了不同窗口大小下 SM-VCE 方法的计算效率及精度，综合考虑算法的效率及精度两方面来确定一个最为合适的窗口，进而完成本次模拟实验以及后续真实实验。本次实验中选择大小为 3，5，7，…，23，25（像素）的规则窗口对模拟数据进行三维形变的求解（图 4-7）。根据求解得到的三维形变与图 4-8（a）~（c）进行对比求差，计算东西向、南北向和垂直向的均方根误差，并记录计算过程中算法使用时间。其中，计算机的 CPU 为 i5-4590，主频 3. 3GHz，4 核 4 线程，内存 16GB。如图 4-7 所示，当窗口大于 15 像素时，东西向、南北向和垂直向的精度已无明显改善，但是算法所用时间开始加倍增加，所以综合考虑算法效率及精度方面，本次模拟实验及后续真实三维形变场的求解，地表应力应变模型使用的窗口大小均为 15 像素×15 像素。

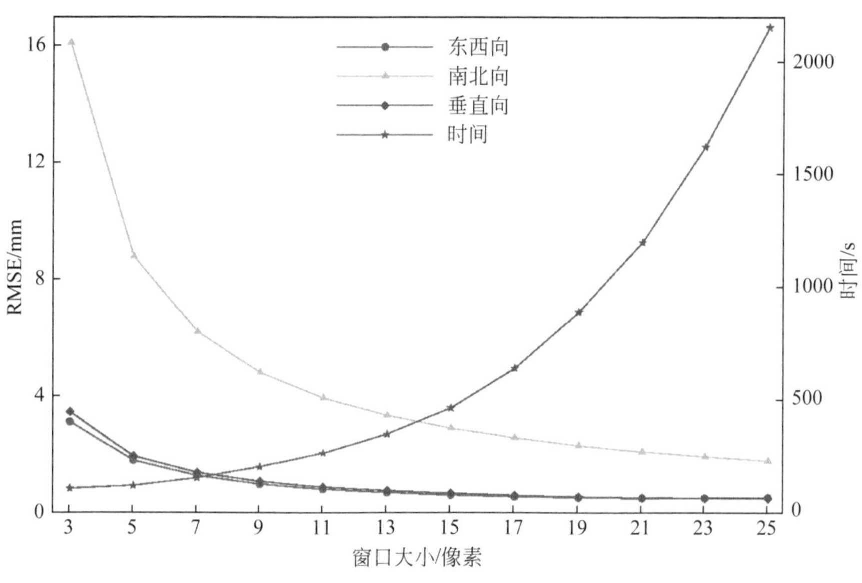

图 4-7　不同窗口所得结果的精度、效率对比图

紫色五角星代表程序所用时间，红色圆圈代表东西向精度，绿色三角形代表南北向精度，蓝色四边形代表垂直向精度

已有较多学者在反演地表三维形变时选择融合不同轨道、不同平台或者不同方法获取的多源异质 InSAR 观测值，利用 WLS 的方法进行求解[6,8,27]。然而求解过程中不同来源的数据，其先验方差一般很难准确得知，因此，无法获得各类观测值的准确权重。常规处理方法是选择同影像内远离形变场的区域，认为其没有形变，对应的形变信息视为噪声，通过求取噪声的标准差来作为该类观测值的先验方差，然后进行定权求解[4,28]。或者，假定 InSAR 观测得到的形变值在一定范围

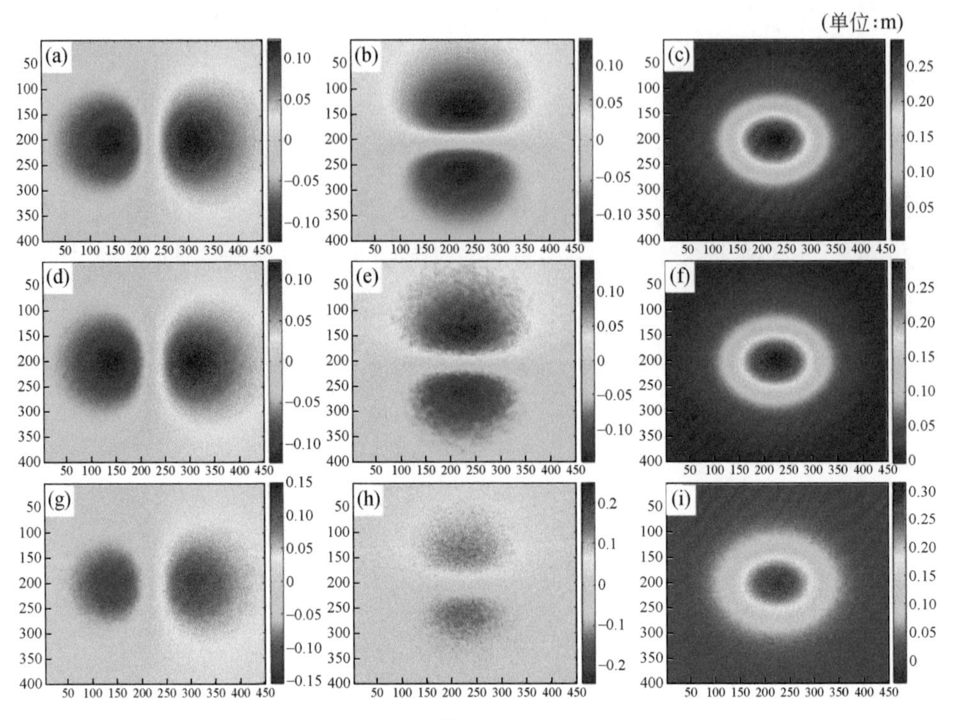

图 4-8　三维形变场解算结果

(a)~(c) 代表原始模拟三维形变场（真值），(d)~(f) 代表 SM-VCE 算法计算所得的三维形变场，(g)~(i) 代表 WLS 算法得到的三维形变场。(a)、(d)、(g) 东西向，(b)、(e)、(h) 南北向，(c)、(f)、(i) 垂直向

内具有各态历经性，通过求取一定大小窗口内形变值的标准差，将其作为先验方差进行定权求解[6]。不论是哪种方法都是对观测值方差进行了某种假设，不具备理论依据，得到的权重往往与真实值有偏差，导致地表三维形变场的解算精度偏低，无法满足要求。

为了对比本算法（SM-VCE）与传统算法（WLS，假设各态历经性取与 SM-VCE 同样大小窗口进行定权）优劣性，分别采用 SM-VCE 和 WLS 算法进行了模拟数据（图 4-6）三维形变场的求解。由图 4-8 可知，由两种算法得到的三维形变场与原始模拟数据具有较好的一致性，体现了本算法的可行性。从整体来看，由 SM-VCE 得到的三维形变场更加平滑，而由 WLS 得到的三维形变场更加粗糙，包含更多的噪声。另外，本次模拟实验通过求解三维形变场的均方根误差来定量评估每种算法在东西向、南北向和垂直向的精度（表 4-3）。结果表明，SM-VCE 算法能够有效地改善三维形变的估计精度，相比于传统算法 WLS 来说，其在东西向、南北向和垂直向的精度分别改善 94.4%、91.7% 和 93.5%。但是，不论是 SM-VCE 还是 WLS 算法，南北向的解算精度均低于东西向和垂直向，其原因可能是 SAR 卫星的极轨飞行方式，导致 LOS 向观测值在飞行过程中对南北向的形变极不敏感，因此南北向的数据解算结果主要由方位向观测值所贡献。而方位向观测值所加噪声为 LOS 向观测值噪声的 8 倍，这很大程度上使得南北向精度较差。

表 4-3　不同方法得到的三维形变精度对比　　（单位：mm）

方法	东西向	南北向	垂直向
SM-VCE	0.6	2.9	0.7
WLS	10.7	35.1	10.8

为了验证 SM-VCE 融合模型的定权准确度，统计了在求解三维形变场过程中每类算法得到的各类观测值的平均权重（表 4-4）。表 4-4 的平均权重是根据式（4-29）计算得到的，其中 P_j^k 代表第 j 类观测值中第 k 个像素对应的权重，$\bar{P}_j$ 代表第 j 类观测值的平均权重。理论权重是将模拟数据中所加的噪声视为先验方差，根据该先验信息进行定权。每一组权重均将升轨 LOS 向的观测值权视为单位权。结果表明，由 VCE 进行验后定权所得到的权重更加接近真实权重，这也表明 SM-VCE方法能得到高精度的三维形变估计结果。

$$\bar{P}_j = \sqrt[m\times n]{\prod_{k=1}^{m\times n} P_j^k} \tag{4-29}$$

表 4-4　不同方法得到的观测值权重对比

项目	升轨 LOS 向	升轨方位向	降轨 LOS 向	降轨方位向
理论值	1	0.0156	0.5102	0.0080

续表

项目	升轨 LOS 向	升轨方位向	降轨 LOS 向	降轨方位向
SM-VCE	1	0.0156	0.5127	0.0080
WLS	1	0.0228	0.5901	0.0117

4.5 火山监测应用实例：2007 年夏威夷基拉韦厄火山活动

4.5.1 研究区域与所用数据

夏威夷岛位于太平洋构造板块中部的“活跃区”，由 5 座火山组成，其中基拉韦厄火山是世界上最年轻、最活跃的火山之一。自 1983 年以来，基拉韦厄火山一直处于活跃状态，曾多次发生或大或小的火山喷发/地震。2007 年 6 月 17 日清晨，在基拉韦厄火山口东南方向的 Mauna Ulu 区域（图 4-9）有一股岩浆蠢蠢欲动，但并未立即迸发至地表，而是在地下不断地移动致使地表发生隆起或沉降。此次火山活动持续了约两日，最终岩浆向东移动至 Makaopuhi 火山口（图 4-9），并在 19 日早上冲出地面[6]。

本研究利用 ALOS 卫星提供的四景升降轨 PALSAR 影像（表 4-5）测量基拉韦厄火山活动引起的地表形变场。研究区域的地形图如图 4-9 所示。除 SAR 数据外，本研究还引入了研究区域的 GNSS 形变数据，用于精度验证（图 4-9）。

本次实验首先利用常规的 D-InSAR 技术分别对表 4-5 升轨和降轨干涉对进行处理。其中，利用 30 m 的 SRTM 数据对地形相位分量进行改正，利用基于最小二乘的滤波方法对干涉图进行滤波[29]，利用最小费用流方法对滤波后的干涉图进行解缠[30]。但是，干涉图中常常会存在轨道误差和大气噪声等长波误差，因此，在得到 LOS 向地表形变场

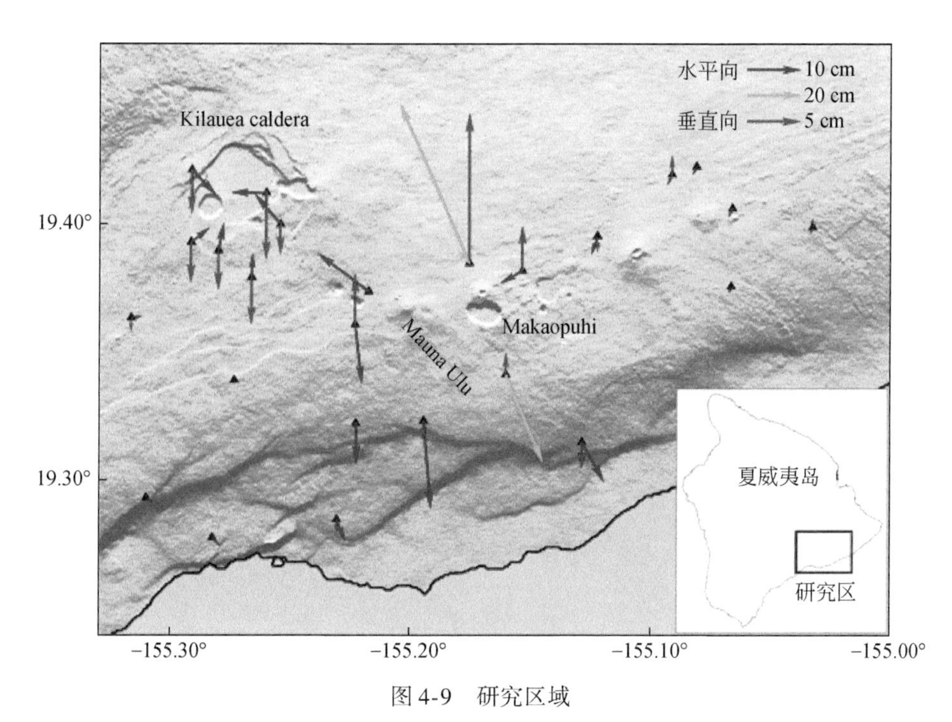

图 4-9 研究区域

黑色三角形代表 GNSS 站点，红色竖直向箭头代表垂直线位移，蓝色、绿色箭头代表水平方向位移；内嵌图代表研究区域相对于夏威夷岛的位置

之前，可以利用二次多项式进行拟合并去除相关长波误差。如图 4-10（a）和（b）所示，升轨和降轨 LOS 向形变主要集中在 Makaopuhi 火山口处。由于成像几何的不同，升轨和降轨 LOS 向形变的量级及空间特征差异较大，其中升轨 LOS 向形变的最大值为 0.4 m，而降轨 LOS 向形变的最大值为 0.7 m。

随后，本次实验中利用 MAI 技术分别对升轨和降轨 SAR 数据进行处理。其中在对 SLC 影像进行公共频谱滤波时，频谱宽度取为原始 SLC 影像的一半，同时设前视、后视 SLC 影像的多普勒频谱的中心位置为前视影像、后视影像的多普勒中心[2]。图 4-10（c）和（d）分别显示的是升轨和降轨干涉对所得到的 MAI 形变图。可以看出，升降轨得到的方位向形变特征较为相似，其形变量级可达0.6～0.8 m，因此，进一步说明了利用 MAI 技术获取方位向形变的必要性。

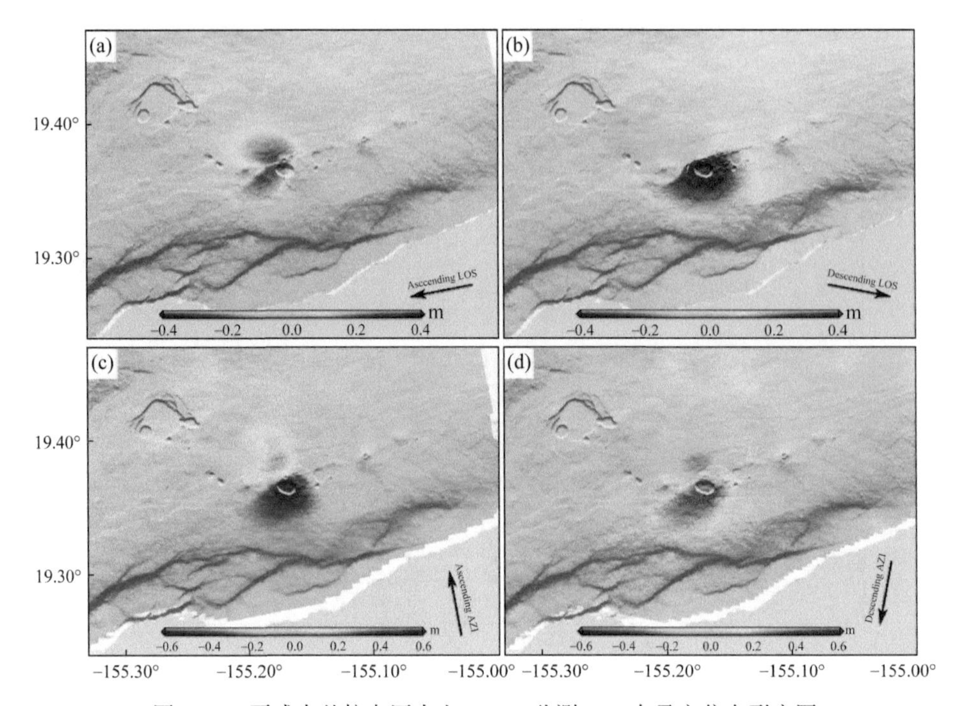

图 4-10　夏威夷基拉韦厄火山 InSAR 监测 LOS 向及方位向形变图

（a）升轨（Asccending）LOS 向；（b）降轨（Descending）LOS 向；（c）升轨方位向（AZI）；（d）降轨方位向

表 4-5　基拉韦厄火山活动研究所用的 SAR 数据基本参数

升轨/降轨	主辅影像获取日期		垂直基线/m	入射角/（°）	方位角/（°）
升轨	2007 年 5 月 5 日	2007 年 6 月 20 日	352	38.75	349.24
降轨	2007 年 2 月 28 日	2007 年 7 月 16 日	284	38.76	190.77

4.5.2　实验结果分析

传统方法根据不同观测量的成像几何建立函数模型，同时利用一个固定大小的模板窗口确定观测量的随机模型，最后在 WLS 准则下求解地表三维形变场。这种方法得到的权重是假定测量数据满足各态历经性，而地震、火山等剧烈地质活动引起的地表形变往往难以满足该假设，故传统方法得到的权重只是一个经验值，无法从理论上得到验证。

方差分量估计是利用观测值改正数的统计特性来估计其相应中误差，故利用方差分量估计进行权阵求解时需要大量的冗余观测数据。Hu 等[22]在监测断层三维形变速率时提出，利用时序 InSAR 观测来为方差分量估计方法提供冗余观测。但是对于瞬时形变（如火山、地震等）仅有少量多余观测数据的情况下，极大地限制了方差分量估计的应用。地表应力应变模型描述了地表邻近点三维形变之间的弹性力学关系，在一定程度上为三维形变的解算提供了约束条件，能够更加真实地反映地表邻近点的形变关系。同时，如 4.3.2 节所述，地表应力应变模型的引入为方差分量估计精确定权提供了契机。

具体算法实现如 4.2 节和 4.3 节所述，本节将详细介绍并分析利用 SM-VCE 算法解算 2007 年夏威夷基拉韦厄火山的三维形变场。为了进一步对比 SM-VCE 算法的优劣性，同时引入传统 WLS 算法进行三维形变场的解算，解算结果同 GNSS 站点数据进行对比，计算两种算法得到的三维形变与 GNSS 数据之差的 RMSE 来评价不同算法的优劣。

图 4-11 为由 SM-VCE 与 WLS 解算得到的地表三维形变场。从图 4-11中可以看出 WLS 和 SM-VCE 解算的三维形变场具有较高的一致性，但 WLS 解算得到的三维形变场更加粗糙，噪声水平更高。例如，图 4-11 的红色方框中，WLS 解算三个方向的形变包含了严重的噪声水平，而对应的 SM-VCE 解算得到的三维形变场区域，则显得更加平滑，噪声水平更低。综合分析得知，此结果主要是由不同类型观测值权阵确定不准确造成的。图 4-12 为图 4-11 红色方框内对应的由 SM-VCE 和 WLS 解算的升轨方位向、降轨 LOS 向及降轨方位向的权阵（其中对应的升轨 LOS 向权重为 1）。从权重的整体分布来看，SM-VCE 得到的权重更加平滑，并且符合基本逻辑，即 LOS 向形变的权重基本为 1，方位向形变由于是仅利用了半孔径的数据获取的，其测量精度一般要比 LOS 向形变精度低几倍甚至几十倍，有时测量误差更大，其精度相差更多。而 WLS 算法解算得到的该区域权重，分布极无规律，并且权重比例相对关系严重失衡。方位向的权重要比 LOS 向的权重大几倍甚至几十倍，这一分布规律与实际严重

不符。在东西向形变场中，WLS 解算的红色方框内有一明显条痕，而 SM-VCE 解算结果则没有，在对应的权重图上，也有一明显条痕与之对应，那么可知，方差分量估计可得到不同类型观测值的精确权重，进而精确解算的三维形变值精度较高，而传统的窗口定权方式无法得到精确权重，故解算的三维形变可靠性较差，精度较低。

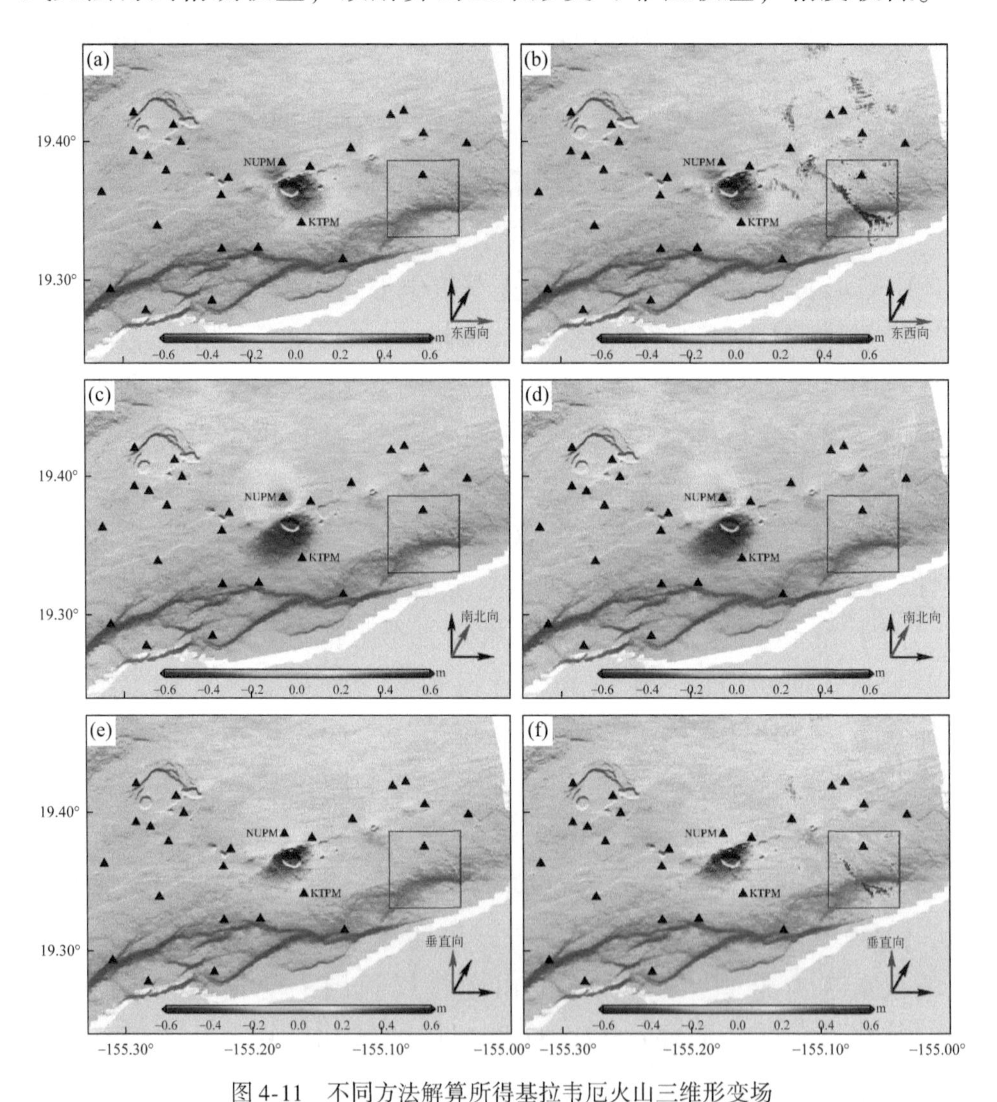

图 4-11　不同方法解算所得基拉韦厄火山三维形变场

（a）~（c）代表 SM-VCE 算法所得的形变图；（d）~（f）代表 WLS 所得的形变图。（a）、（d）东西向，（b）、（e）南北向，（c）、（f）垂直向

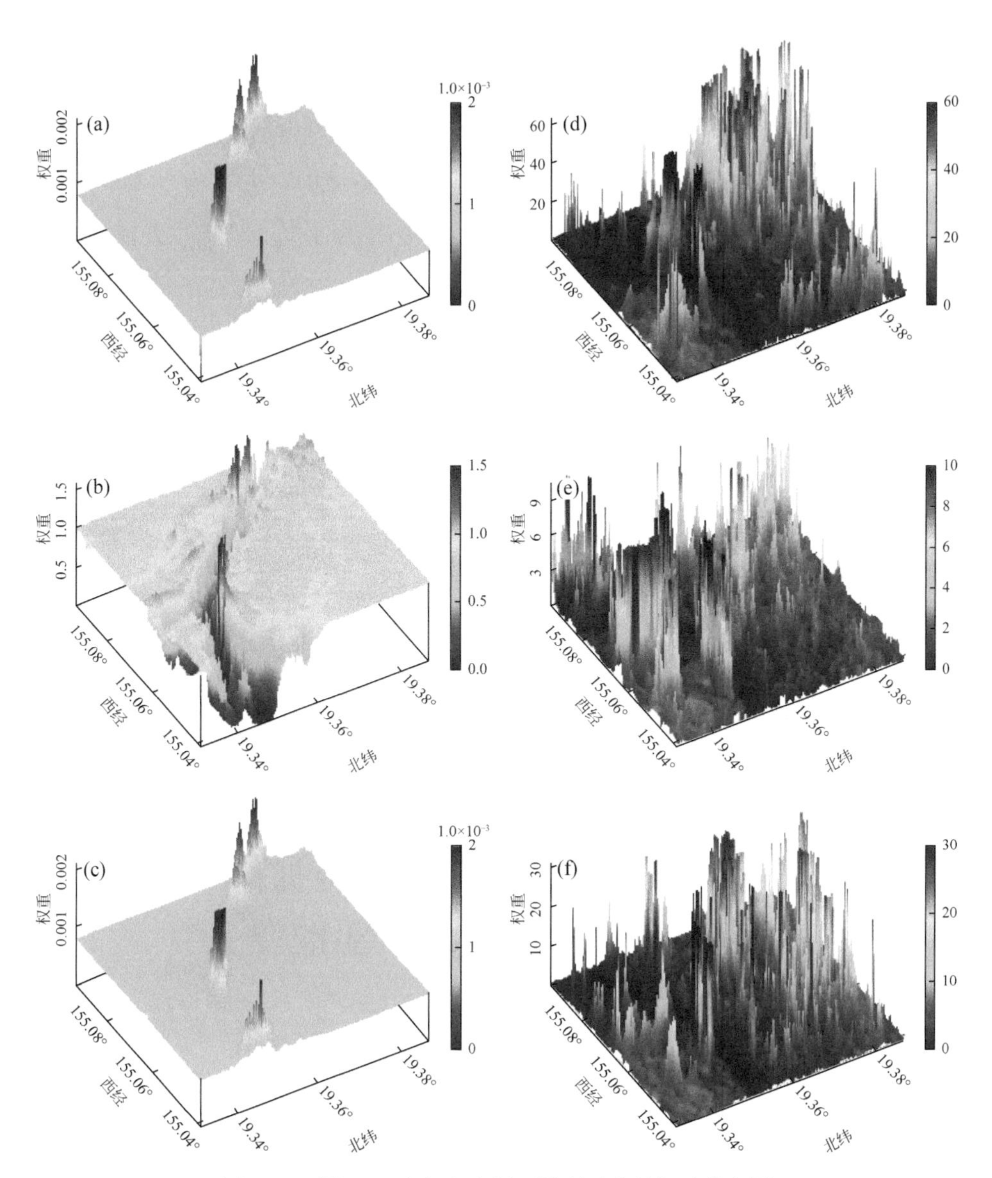

图 4-12　图 4-11 中红色方框区域所对应的权重分布图

(a)~(c) 代表 SM-VCE 所得的权重分布图；(d)~(f) 代表 WLS 所得的权重分布图；

(a)、(d) 升轨 AZI 向；(b)、(e) 降轨 LOS 向；(c)、(f) 降轨 AZI 向

为了定量研究 SM-VCE 与 WLS 方法的优劣性，本研究将解算得到的三维形变场同 25 个 GNSS 观测的形变数据进行对比计算其 RMSE 值

（表4-6），结果表明，SM-VCE 算法得到的三维形变精度在东西向明显优于 WLS 算法得到的结果，在东西向及垂直向精度改善较为显著。进一步分析发现，NUPM 和 KTPM 两个 GNSS 站点处 InSAR 与 GNSS 得到的南北向形变差异较大。这可能是由于 GNSS 站点处发生了较大的局部形变，而 InSAR 获取的是一个分辨单元内的平均形变。去除 NUPM 和 KTPM 两个站点的数据，重新计算 RMSE 值后发现，在估计南北向形变方面，SM-VCE 相对于 WLS 精度改善效果从 8.2% 提高到了 22.4%（表4-6）。

表 4-6　解算所得的三维形变与 GNSS 观测数据的差值 RMSE

方法	东西向/cm		南北向/cm		垂直向/cm	
	25 个站点	23 个站点	25 个站点	23 个站点	25 个站点	23 个站点
SM-VCE	2.21	2.18	6.86	2.77	4.26	4.13
WLS	4.77	4.47	7.47	3.57	5.19	5.07
改善效果/%	53.7	51.2	8.2	22.4	17.9	18.5

4.6　地震监测应用实例：2016 年日本鸟取中部地震

4.6.1　研究区域与所用数据

当地时间 2016 年 10 月 21 日 14：07 左右，日本鸟取中部发生 Mw 6.6 级地震，震源位于鸟取中部，震源深度 10 km，冈山、岛根等周围部分地区也有较强震感（图 4-13）。ALOS-2 卫星在该地震前后获取了升降轨、左右视共 4 对 SAR 影像（表 4-7），为研究该地震提供了珍贵的研究数据。如 4.2.1 节所述，升降轨左右视的 D-InSAR 组合理论上可以获取比较高精度的三维地表形变场。从目前公开发表的论文文献中发现，利用升降轨左右视获取真实地表三维形变的研究案例并不多见。因此，此次地震三维形变研究中的数据配置是相当理想的。然而，对于升轨的两对数据而言，仅能覆盖部分研究区域，进而难以获取完整的、高精度的三维地表形变场。基于此，本节将介绍利用 SM-VCE 方法获取 2016 年鸟取中部地震高精度三维形变场的相关研究。SM-VCE 方法考虑了邻近点三维形变之间的应力应变关系，同时利用 VCE 算法实现了多源观测数据的准确定权，因此，该方法可以很好地克服本研究示例中 InSAR 观测数据覆盖范围不一致的问题。同时，在数据处理过程中发现，升轨左视数据受失相干噪声影响较大（图 4-14），出现了较多的解缠误差。本节将在 SM-VCE 方法的基础上，引入抗差估计（即抗差方差分量估计算法）进行粗差剔除，进而实现三维地表形变的高精度估计。本节中的 D-InSAR 数据处理过程与 4.5 节类似，故在此不再赘述。

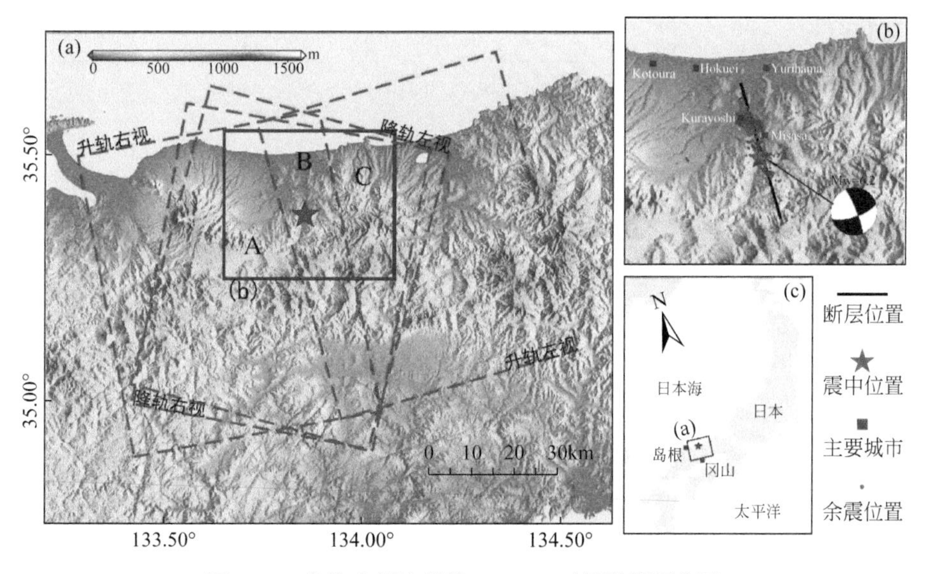

图 4-13　鸟取中部地震的 ALOS-2 卫星影像覆盖图

（a）中的蓝色实线框代表本节的研究区域，紫色虚线框代表影像覆盖范围，A、B、C 代表研究区域被影像边界分成的 3 个区域；（b）为研究区域余震及主要城市分布情况；（c）表示研究区域相对于日本岛的相对位置

表 4-7　2016 年鸟取中部地震研究中所用到的 SAR 影像对信息

参数	影像对 1	影像对 2	影像对 3	影像对 4
轨道方向	升轨	升轨	降轨	降轨
视角方向	左视	右视	左视	右视
主影像日期	2015 年 1 月 17 日	2016 年 5 月 23 日	2014 年 12 月 7 日	2016 年 8 月 3 日
从影像日期	2016 年 10 月 22 日	2016 年 10 月 24 日	2016 年 10 月 23 日	2016 年 10 月 26 日
轨道号	122	128	27	22
分幅号	740	700	2870	2900
幅宽类型	条带	条带	条带	条带
方位角/（°）	-15. 99	-10. 62	-164. 74	-169. 37
入射角/（°）	42. 99	32. 41	36. 26	32. 41
垂直基线/m	170	-40	9	3
覆盖区域	B 和 C	A 和 B	A、B 和 C	A、B 和 C

注：覆盖区域的 A、B、C 与图 4-13 中的 A、B、C 相对应。

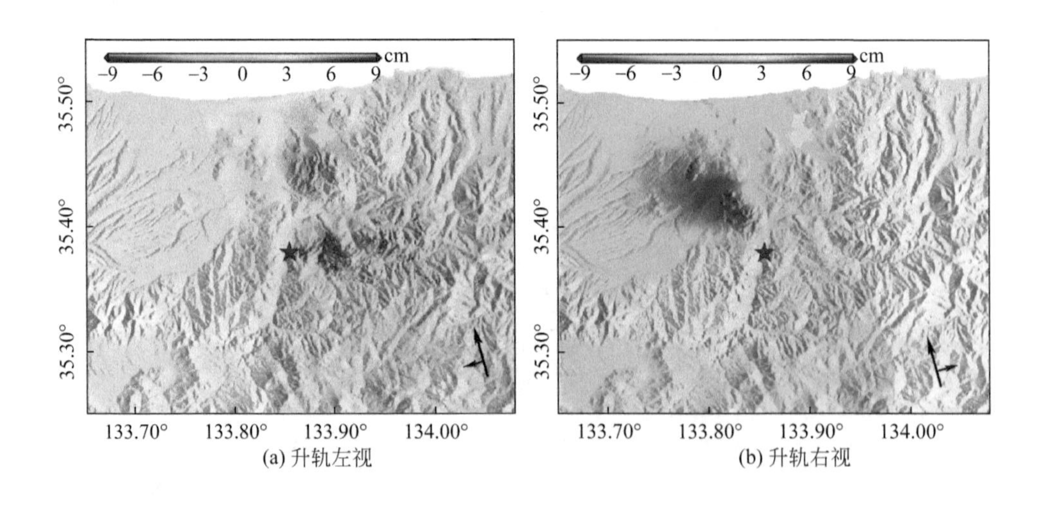

(a) 升轨左视　　(b) 升轨右视

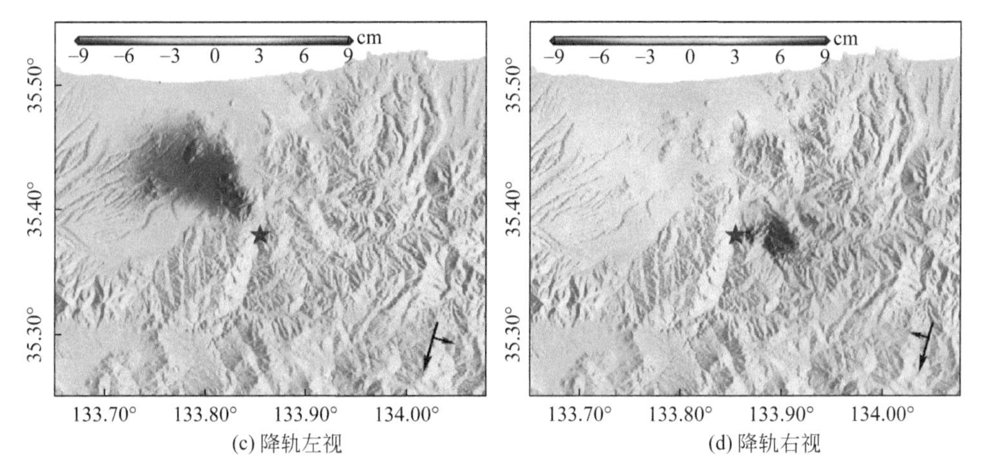

图 4-14　鸟取中部地震的 4 个 D-InSAR 形变观测数据

红色五角星代表震中，长箭头代表卫星飞行方向，短箭头代表卫星信号的入射方向

4.6.2　抗差方差分量估计定权

在数据处理过程中，不可避免地会遇到观测值粗差的问题。幸运的是，现代测量数据处理理论中发展了较为系统的抗差估计理论，如极大似然估计（M 估计）、顺序统计量线性组合估计（L 估计）、秩检验型估计（R 估计）、最小二乘估计（LS 估计）以及中国科学院测量与地球物理研究所（Institute of Geodesy and Geophysics）提出的抗差估计方法（IGG 法）等[31]。其中，IGG 法主要是通过迭代方式，不断利用权函数更新观测值的权重因子，目的是充分利用有效观测，限制利用可疑观测，排除粗差观测，目前已被广泛用于测量数据处理过程。4.3.2 节介绍的基于方差分量估计的随机模型在观测值仅包含随机噪声的情况下可准确确定各类观测值的权重比例。但是，鸟取中部地震的升轨左视 D-InSAR 观测数据由于失相干噪声包含了大量的异常数据（即粗差），此时，方差分量估计算法的效果会因粗差的存在而大打折扣，进而影响未知参数的估计精度。基于此，本节将利用抗差思想、协同方差分量估计算法抑制粗差观测的影响，实现多源 InSAR 数据的

准确定权。

具体地，本节设定了以下权函数[32]，以实现对式（4-24）中的权重因子 $\hat{W}_j^i$ 进一步更新：

$$\hat{W}_j^i=\begin{cases}\hat{W}_j^i & |u_j^i|<k_0\\ \dfrac{\hat{W}_j^i\cdot k_0}{u_j^i}\cdot\left(\dfrac{k_1-u_j^i}{k_1-k_0}\right)^2 & k_0<|u_j^i|<k_1\\ 0 & |u_j^i|>k_1\end{cases}\tag{4-30}$$

式中，$\hat{W}_j^i$ 是权矩阵 $\hat{W}_j$［式（4-24）］对角线的第 i 个元素；$u_j^i=\dfrac{v_j^i}{V_j^i}$可当作归一化改正数，其中 v_j^i 代表相应观测值的改正数（即向量 v_j 的第 i 个元素），V_j^i 代表权矩阵 V_j［式（4-25）］对角线的第 i 个元素；k_0 和 k_1 是两个常数，一般取值为 1.0～1.5 和 2.5～6.0；通过式（4-30）得到的权重因子$\hat{W}_j^i$ 将代替 $\hat{W}_j^i$ 进入方差分量估计迭代过程［式（4-21）和式（4-22）］，实现粗差观测的有效抑制。

4.6.3 实验结果分析

本次实验示例中，在应用 SM-VCE 方法时窗口大小的确定与 4.4.2 节类似，选择的窗口大小为 21 像素×21 像素。同时，鉴于 D-InSAR 在监测地震形变时的精度可达毫米级，式（4-23）中不同类观测值中误差之差的阈值 $\Delta\sigma=1\ \text{mm}^2$。此外，本节根据数据本身特点，引入了抗差估计的权函数［式（4-30）］，以实现三维形变的高精度估计，其中，$k_0=1.5$，$k_1=3$。

图 4-15 是本节利用 SM-VCE 和 WLS 方法获取的鸟取中部地震的三维形变场。从图 4-15 中可以看出，两种方法得到的三维形变场整体空间分布特征较为一致。但是，WLS 方法获取的三维形变结果的噪声较高。同时，对比剖线 *D-D′* 和 *E-E′* 发现，WLS 方法在 SAR 影像覆盖边界出现了较大的跳变现象。由于区域 A 和 C 仅有 3 个 D-InSAR 观测覆

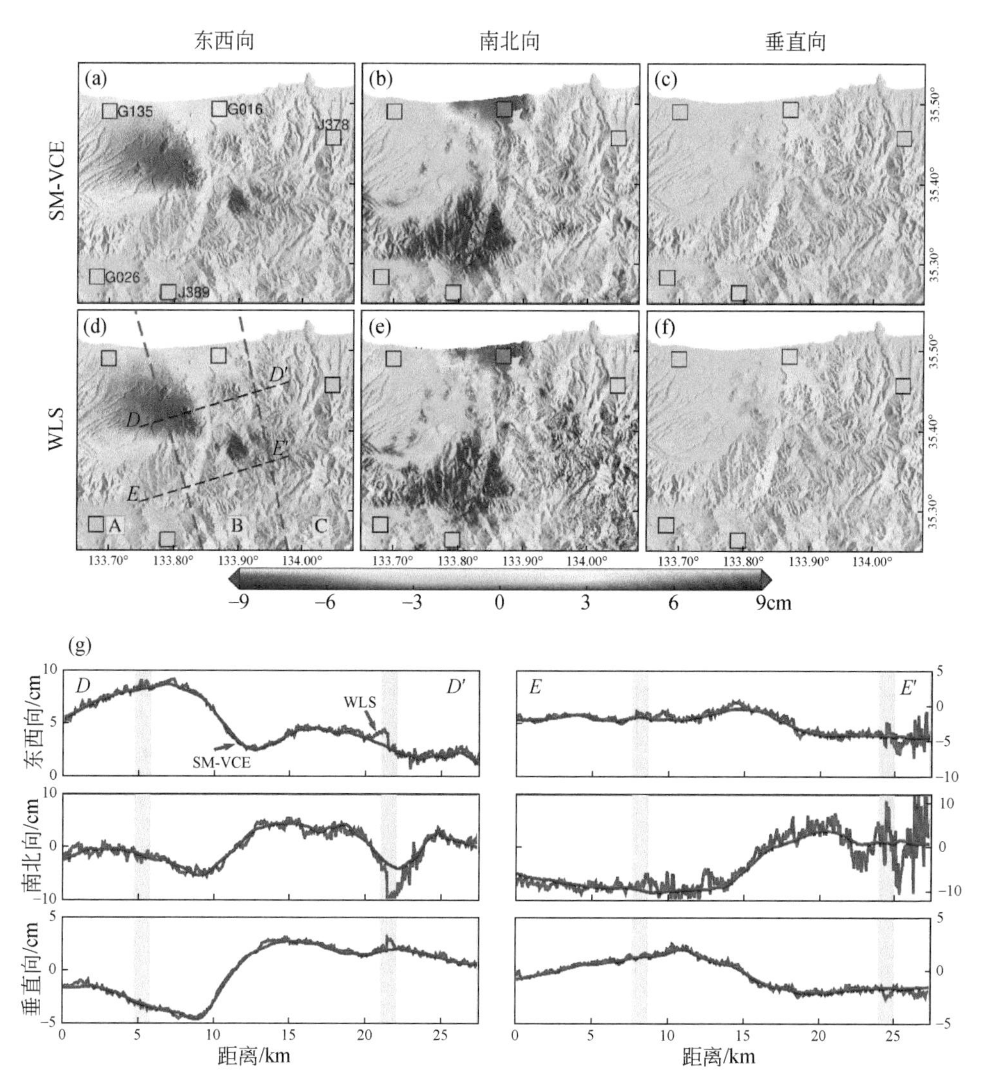

图 4-15　利用 SM-VCE (a)～(c) 和 WLS (d)～(f) 方法获取的鸟取中部地震三维地表形变场

图中的小矩形框代表 GNSS 站点对应的形变观测。(d) 中的紫色虚线为升轨左右视 SAR 影像的覆盖范围，A、B、C 代表研究区域被影像边界分成的 3 个区域（与图 4-13 一致）。(g) 为剖线 *D-D'* 和 *E-E'* 上两种方法的三维形变对比，黄色区域为影像边界

盖，WLS 方法在该区域得到的结果噪声更大。与此同时，本研究从内华达大地测量实验室获取了该地震的 5 个 GNSS 站点的同震形变结果，进而可用于 InSAR 精度验证。如表 4-8 所示，与 WLS 方法相比，

SM-VCE方法获取的三维地表形变的 RMSE 值均较低，东西向、南北向和垂直向的三维形变精度改进分别可达20%、26%和20%。SAR 卫星本身的侧视成像模式，使得两种方法得到的南北向形变精度较低。

表 4-8　模拟实验中有无抗差估计的 SM-VCE 方法得到的三维形变精度

（单位：mm）

方法	东西向	南北向	垂直向
无抗差估计	0.5	2.3	0.5
有抗差估计	0.4	1.7	0.4

为了验证抗差估计在 SM-VCE 方法中的作用，本节基于模拟数据对比了使用抗差估计前后该方法得到的三维形变精度。首先，基于鸟取中部地震的断层滑动模型模拟了三维地表形变［图 4-16（a）~

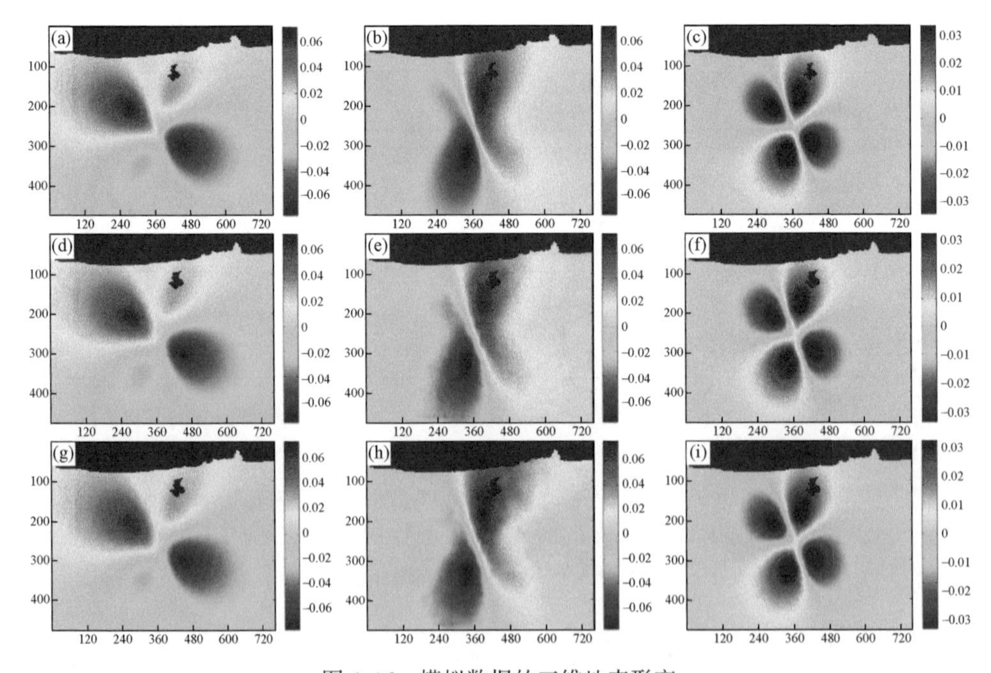

图 4-16　模拟数据的三维地表形变

（a）~（c）为原始模拟三维形变；（d）~（f）为 SM-VCE 获取的三维形变；（g）~（i）为 WLS 获取的三维形变；横纵坐标轴分别代表相应像素的行列号。图例代表形变值，单位为 m (c)]；然后，结合式（4-7），计算得到升降轨左右视的 D-InSAR 形变；在此基础上，在四个 D-InSAR 形变中分别加入均值为零，标准偏差为 5 mm、7 mm、9 mm 和 11 mm 的高斯噪声；考虑到升轨左视数据的相干性较低，在升轨左视的 D-InSAR 数据中进一步加入了粗差：在大小为 7 像素×7 像素的固定窗口内随机选择 5% 的像素作为含粗差的观测值，相应的数值大小为窗口内最大值的 3 倍。图 4-17 为最后模拟的 4 个 D-InSAR 形变观测数据。

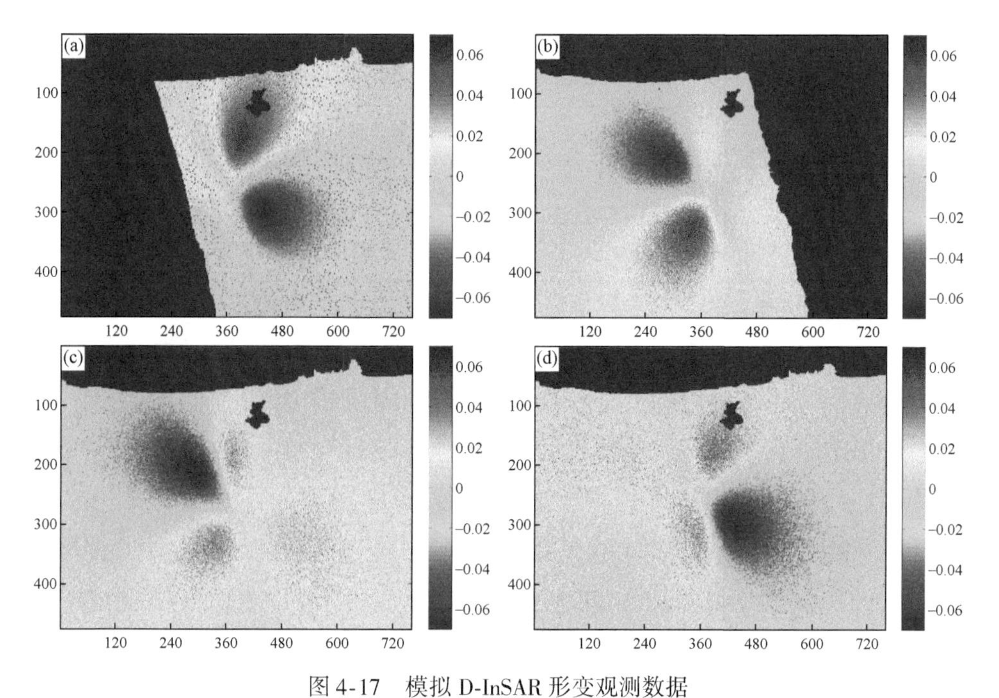

图 4-17 模拟 D-InSAR 形变观测数据

(a) ~ (d) 依次为升轨左视、升轨右视、降轨左视和降轨右视数据；
横纵坐标轴分别代表相应像素的行列号。图例代表形变值，单位为 m

基于以上模拟数据，本节利用有抗差估计和无抗差估计的 SM-VCE 方法分别获取了三维地表形变场［图 4-16（d）~（i）］。模拟实验中的窗口大小、收敛阈值 $\Delta\sigma$ 以及抗差估计参数 k_0、k_1 均与真实实验相同。整体而言，有无抗差估计得到的三维地表形变结果较为一致。但是，在细节方面，无抗差估计的 SM-VCE 得到的三维形变结果

[图4-16（g）~（i）]与原始模拟三维形变[图4-16（a）~（c）]差异更大。尤其是南北向形变[图4-16（h）]，在右侧正值区域的空间特征与模拟数据差异较大。通过分析可知，由于升轨左视数据中包含较为严重的粗差，无抗差估计的方差分量估计算法会使得求解的未知参数产生严重的偏差。而图4-16（d）~（f）是通过抗差SM-VCE方法获得的，因此，与原始模拟数据保持着较好的一致性。表4-9为两种方法所得到的三维形变结果精度，结果表明，引入抗差估计得到的三维形变精度可分别改善31%、59%和2%。

表4-9　模拟实验中SM-VCE方法得到的三维形变精度　（单位：mm）

方法	东西向	南北向	垂直向
无抗差估计	1.30	4.60	0.90
有抗差估计	0.90	1.90	0.88

事实上，SM-VCE方法通过考虑邻近点三维形变的应力应变关系建立函数模型，在解算过程中可能会和空间滤波达到类似的效果。鉴于此，本节首先对真实的D-InSAR观测值进行了空间中值滤波，然后利用WLS方法解算得到了三维地表形变场（图4-18）。可以看出，滤波后再利用WLS方法估计的三维形变在影像覆盖边界还是会出现明显跳变。对比剖线 D-D' 和 E-E' 发现，WLS与SM-VCE方法得到的三维形变还是会存在较大差异。这种差异可能与两种方法的定权精度有关。滤波后的观测值再进行WLS定权，会使各态历经假设严重不成立，进而影响三维形变精度。而SM-VCE方法则可以在滤波与精确定权之前取得较好的平衡，实现三维形变的高精度测量。

除此之外，精度评估在InSAR形变测量领域仍然是一个悬而未决的问题。虽然利用GNSS、水准观测等外部数据进行精度验证在一定程度上可以说明InSAR的精度，但是这些外部数据与InSAR观测的时空分辨率差异较大，直接进行对比会缺乏一定的合理性。此外，InSAR观测过程中会包含很多误差，如大气延迟、轨道误差、时空失相干误差等，因

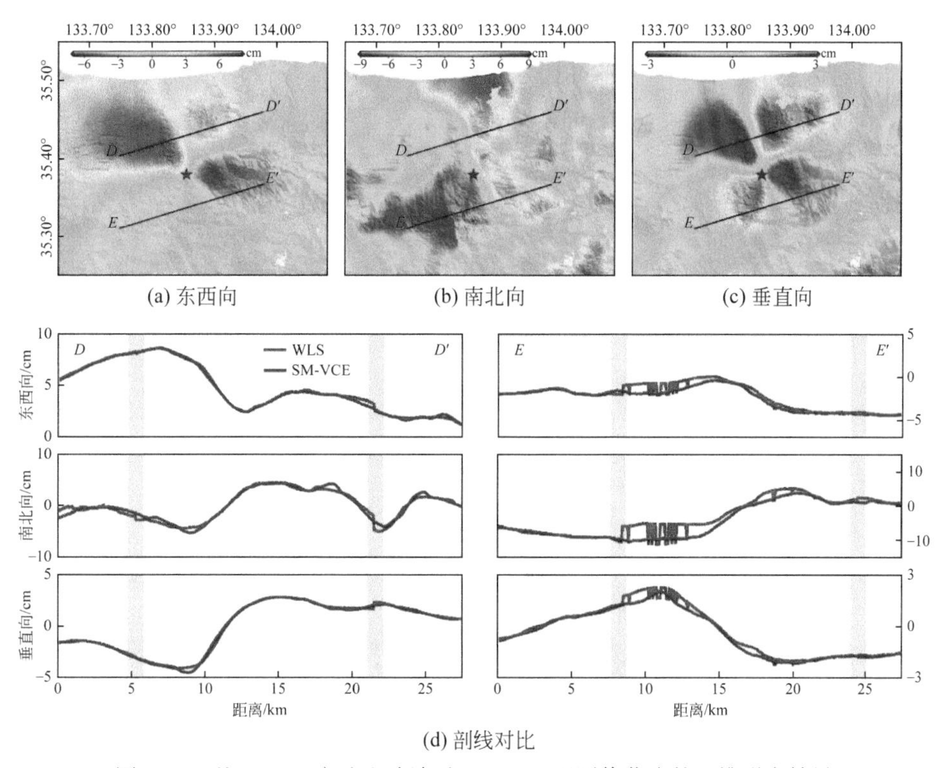

图 4-18 基于 WLS 方法和滤波后 D-InSAR 观测值获取的三维形变结果

剖线图展示的是剖线 *D-D′* 和 *E-E′* 上 SM-VCE 与 WLS 方法的形变对比

此难以利用某些先验信息准确地实现 InSAR 观测值的精度评估。本书介绍的 SM-VCE 方法为 InSAR 形变观测后验精度评估提供了契机。

图 4-19 是 4 种 D-InSAR 观测值的标准差图，可以看出，大部分 D-InSAR 的形变观测精度为毫米级，少数区域的精度可达几厘米。由于升轨左视 D-InSAR 观测值受失相干噪声影响较大，其相应的观测值精度最低，标准差为 1 ~ 2 cm。另外，4 个 D-InSAR 观测在震中附近的标准差值均较高。这可能是因为该区域的形变梯度较大，利用地表应力应变模型建立函数模型时会引入一定的误差。对比降轨左视的观测数据（图 4-14）和标准差图（图 4-19）可以发现，在影像的右上角部分具有相似的信号，说明 SM-VCE 通过精度评估可以较

好地识别出误差信号，进而降低相应的权重。除此之外，根据观测值标准差和误差传播定律，可实现对未知参数的精度评估。图 4-20 为三维形变的标准差，可以看出，三维形变精度基本是厘米级精度。但是，在右侧影像边界过渡区域，三维形变的标准差出现了显著跳跃。这是因为在右侧区域中升轨左视的 D-InSAR 观测数据精度较低，同时仅有 3 个 D-InSAR 观测值，使得估计得到的三维形变标准差显著提高。

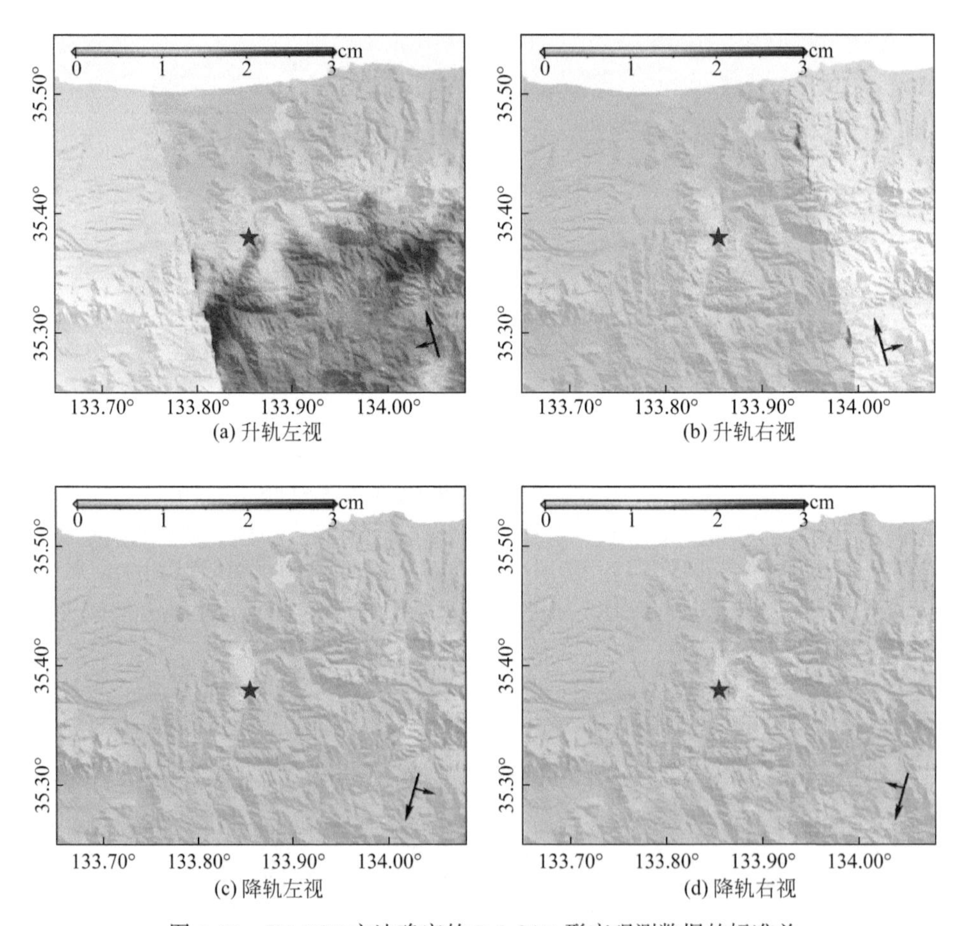

图 4-19　SM-VCE 方法确定的 D-InSAR 形变观测数据的标准差

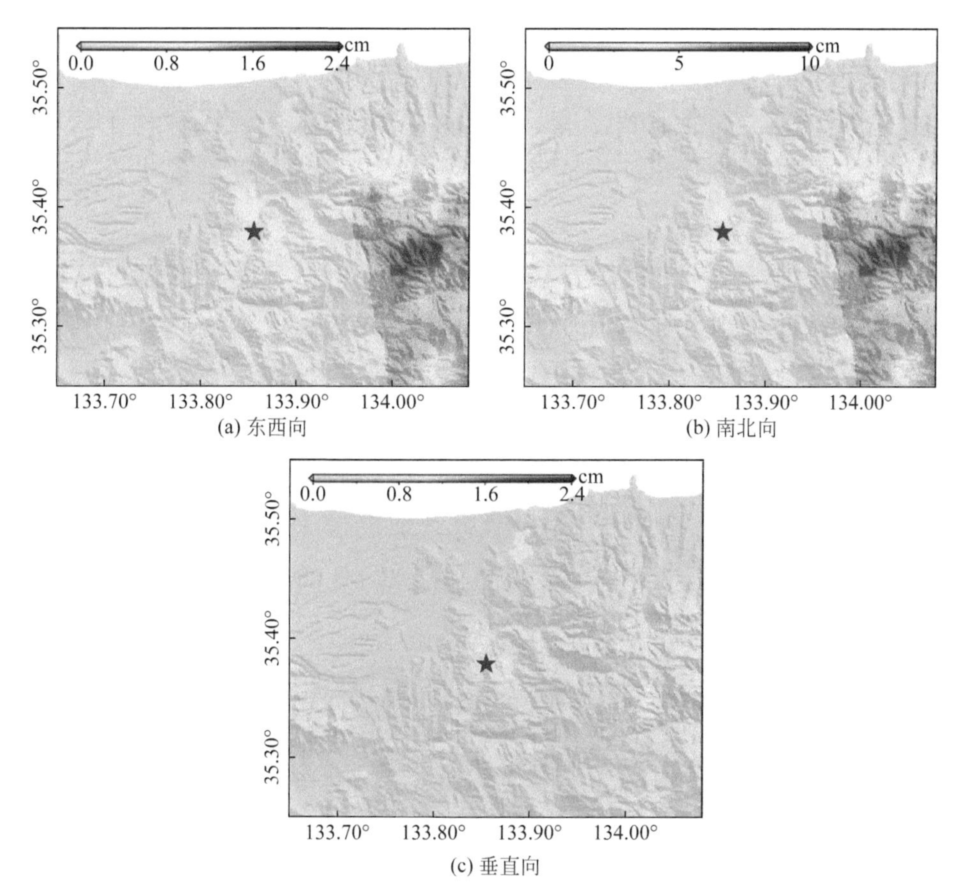

图 4-20　SM-VCE 方法确定的三维形变标准差

4.7　地震监测应用实例：2016 年新西兰凯库拉地震

4.7.1　研究区域与所用数据

当地时间 2016 年 11 月 14 日，新西兰南岛的凯库拉地区发生了 Mw 7.8 级地震[33]。地质调查及地震观测资料揭示，该地震至少有 12

条主断层破裂，总破裂长度超过 170 km，最大的断层滑动可达 10 m，使得该事件是目前所记载的最为复杂的地震之一[34]。因此，获取该地震完整的高精度三维地表形变具有重要的现实意义，将有利于获取更为精确的断层滑动分布，进而为揭示该地震的触发机制提供有力数据支撑。

本研究使用了升降轨的 ALOS-2 和 Sentinel-1 卫星数据共 12 景，其中 ALOS-2 数据是宽幅扫描模式（ScanSAR），Sentinel-1 数据是逐行扫描模式（TOPS）（表 4-10 和图 4-21）。基于这些数据，分别利用 D-InSAR、MAI 和 POT 技术获取研究区域沿视线向和方位向的地表形变。其中，利用 30m 分辨率的 SRTM 数据去除地形相位以及地形起伏引起的配准误差。为了对 SAR 数据获取的地表形变进行误差改正和精度验证，本实验中同时引入研究区域的 90 个 GNSS 站点形变监测数据[33]。

表 4-10　2016 年新西兰凯库拉地震使用的数据信息

卫星	升/降轨	主辅影像获取日期	空间基线/m	波长/cm	轨道号/分幅号	成像模式
ALOS-2	升轨	2016 年 10 月 18 日 ~ 11 月 15 日	130	23.6	194/4480	ScanSAR
ALOS-2	降轨	2016 年 8 月 11 日 ~ 12 月 1 日	−78	23.6	102/6350	ScanSAR
Sentinel-1	升轨	2016 年 11 月 3 ~ 15 日	−10	5.6	52/1033 和 1039	TOPS
Sentinel-1	降轨	2016 年 9 月 5 日 ~ 11 月 16 日	−10	5.6	73/730 和 735	TOPS

D-InSAR 方法是基于 SAR 数据获取地表形变的首选途径。首先在 DEM 数据的辅助下实现 ALOS-2 和 Sentinel-1 卫星数据的精确配准，并将干涉图中的地形相位去除。为了进一步抑制干涉图中的相位噪声，ALOS-2 干涉图进行距离向8 视和方位向 30 视的多视处理，Sentinel-1 干涉图进行距离向 20 视和方位向 6 视的多视处理，然后利用基于最小二乘的滤波方法对多视后的干涉图进行滤波处理[29]。干涉相位的取值范围是 $[-\pi,\ \pi]$，因此利用最小费用流方法对滤波后的干涉图进行解缠处理[30]。接着，基于 GNSS 形变监测数据，利用

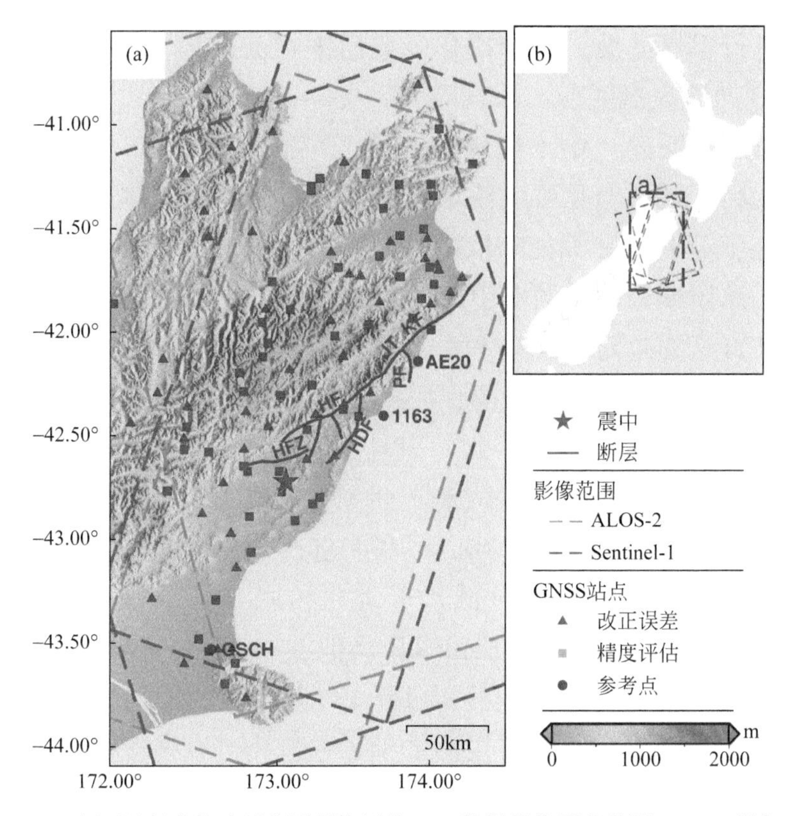

图 4-21　(a) 新西兰凯库拉地震监测所使用的 SAR 数据影像覆盖范围；(b) 研究区在新西兰岛的相对位置。HFZ、HF、HDF、PF、JT 和 KF 分别代表断层 Humps fault、Hope fault、Hundalee fault、Papatea fault、Jordan Thrust 和 Kekerengu fault

双二次多项式模型拟合并去除解缠相位中可能存在的轨道或长波大气趋势误差，最后即可得到 D-InSAR 技术获取的 LOS 向地表形变结果。需要注意的是，由于 Sentinel-1 数据是通过逐行扫描模式获取的，其不同的 burst 重叠区域的配准精度要达到千分之一，因此，本研究在基于影像灰度粗配准的基础上，进一步利用增强谱分集 (enhanced spectral diversity，ESD) 方法进行精配准，以实现 Sentinel-1 数据的配准精度要求[35,36]。另外，ALOS-2 宽幅扫描模式数据由 5 个条带组成，条带之间有大概 4 km 宽度的重叠区域。本研究对 ALOS-2 数据的每个条带分别进行配准、差分干涉、多视、地理编码等过程，然后在地理坐标系下对不同条带的差分干涉图进行拼接，对拼接后的干涉图进行整体滤波、解缠操作，最后即可获取研究区域大范围高精度的 LOS 向地表形变。

如第 2 章所述，MAI 和 POT 方法[2,37]虽然比 D-InSAR 方法获取的地表形变精度低，但是可以获取与 LOS 向垂直的方位向地表形变，较好地弥补了 D-InSAR 只能获取的 LOS 向一维地表形变的局限性，这对于地震、冰川或火山运动等引起的地表形变解译具有十分重要的意义。

MAI 方法通过对全孔径 SLC 影像进行方位向公共频谱滤波，生成 2 个只有一半孔径宽度的前视、后视 SLC 影像。接着利用地震前后两景全孔径 SLC 影像，四景半孔径 SLC 影像即可按照 D-InSAR 流程生成前视和后视两幅干涉图。这两幅干涉图共轭相乘即可得到方位向形变结果。由于升轨的 ALOS-2 数据存在严重的电离层误差，并且 Sentinel 数据的方位向空间分辨率过低，本研究利用 MAI 方法仅获取了降轨 ALOS-2 的方位向形变。与 D-InSAR 类似，ALOS-2 宽幅数据的不同条带单独处理至地理编码的差分干涉图后，再单独将前视、后视所有条带的干涉图拼接，最后将拼接后的前后视差分干涉图进行共轭相乘即可得到方位向形变。如图 4-22 所示，ALOS-2 数据获取的方位向形变在断裂带附近也存在十分严重的失相干现象，但是与 D-InSAR 数据相比，MAI 可测量的形变梯度更大。这是由于 MAI 的相位形变转换系数 $-l/(4\pi \cdot n) \approx -9.9/2\pi = -1.6\text{m}$ 远大于 D-InSAR 的相位形变转换系数 $-\lambda/4\pi \approx -0.235/4\pi = -0.02\text{m}$，其中，$l$ 代表雷达有效天线长度，n 取值 0.5，λ 代表雷达波长，说明 MAI 比 D-InSAR 的可量测形变梯度更大。

POT 方法基于 SAR 数据的强度信息，通过亚像素配准技术可以实现 LOS 向与方位向的地表形变测量。相比于相位测量方法（D-InSAR 和 MAI），POT 方法不受相位失相干及解缠误差影响。本研究利用两个配准后的 SLC 影像进行地表形变的计算，其中 ALOS-2 和 Sentinel-1 数据的匹配窗口分别为 224 像素×224 像素和 160 像素×160 像素。在进行亚像素级匹配计算形变之前，需要对 Sentinel-1 数据进行去斜处理。同样，ALOS-2 宽幅数据需要对每一个条带获取的地表

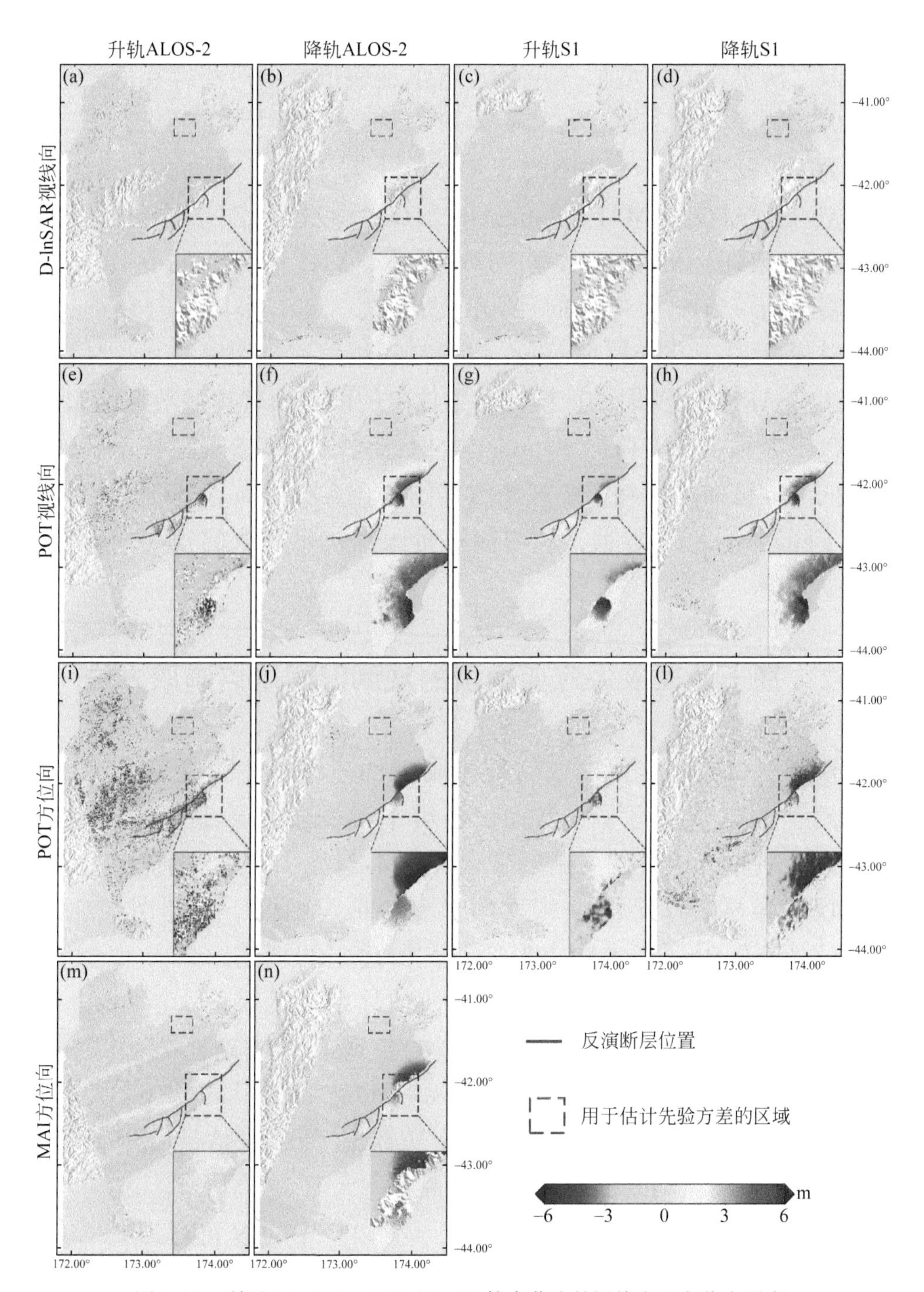

图 4-22　利用 D-InSAR、MAI 和 POT 技术获取的视线向和方位向形变

形变单独处理至地理坐标系后，再进行拼接。最后结合GNSS数据，利用双二次多项式模型拟合并去除POT地表形变中可能存在的轨道或配准等趋势误差。

为了方便表示，下文中的观测数据由若干缩写词加下划线组成，S1、ALOS2、POT、MAI、D-InSAR、LOS、AZI、As、Des分别代表Sentinel-1数据、ALOS-2数据、POT技术、MAI技术、D-InSAR技术、雷达视线向（LOS）、方位向（AZI）、升轨（As）和降轨（Des）。例如，S1表示基于升降轨Sentinel数据，利用偏移量跟踪技术、MAI技术、D-InSAR技术获取的视线向和方位向的所有形变观测数据的组合。S1_ POT表示基于升降轨Sentinel数据，利用偏移量跟踪技术获取的视线向和方位向的所有形变观测数据的组合。S1_ Des_ POT_ LOS表示基于降轨Sentinel数据，利用偏移量跟踪技术获取的视线向形变观测数据。

4.7.2 基于地表应力应变模型的观测值同质点选取方法

众所周知，地震震中或断裂带附近的三维地表形变对约束断层滑移模型具有重要意义。然而，当震中形变过大导致地表破裂时，如新西兰凯库拉地震的主断层破裂（图4-21），破裂带两侧的地表往往呈现差异显著甚至完全相反的形变特征。因此，在利用SM-VCE方法估计断层附近三维地表形变时，所建立的规则窗口必然会包含断层两侧的非同质观测数据，从而使估计结果的精度大打折扣。本节介绍一种基于地表应力应变模型的自适应邻域确定方法（strain model-based adaptive neighborhood determining algorithm，SMAD），旨在选取窗口内的同质观测数据用于三维地表形变估计，进而改善SM-VCE方法估计结果的精度及可靠性。

根据地表应力应变模型可知，式（4-12）中的$\boldsymbol{H}$可写为

$$\boldsymbol{H}=\frac{\partial d}{\partial x}=\begin{bmatrix}\partial d_{\mathrm{e}}/\partial x_{\mathrm{e}} & \partial d_{\mathrm{e}}/\partial x_{\mathrm{n}} & \partial d_{\mathrm{e}}/\partial x_{\mathrm{u}}\\ \partial d_{\mathrm{n}}/\partial x_{\mathrm{e}} & \partial d_{\mathrm{n}}/\partial x_{\mathrm{n}} & \partial d_{\mathrm{n}}/\partial x_{\mathrm{u}}\\ \partial d_{\mathrm{u}}/\partial x_{\mathrm{e}} & \partial d_{\mathrm{u}}/\partial x_{\mathrm{n}} & \partial d_{\mathrm{u}}/\partial x_{\mathrm{u}}\end{bmatrix} \tag{4-31}$$

当假设地表邻近两点 P^0 和 P^k 处的成像几何相同，即 $B_{\mathrm{geo}}^0=B_{\mathrm{geo}}^k$ 时，则式（4-12）等号左右同时乘以 B_{geo}^0 可得

$$\boldsymbol{L}^k=\boldsymbol{H}_L\cdot\boldsymbol{\Delta}^k+\boldsymbol{L}^0 \tag{4-32}$$

其中

$$\boldsymbol{H}_L=[\,\partial L/\partial x_{\mathrm{e}}\quad \partial L/\partial x_{\mathrm{n}}\quad \partial L/\partial x_{\mathrm{u}}\,] \tag{4-33}$$

为了进一步削弱局部地形的影响，式（4-32）可进一步简化为[14]

$$\boldsymbol{L}^k=[\,\partial L/\partial x_{\mathrm{e}}\quad \partial L/\partial x_{\mathrm{n}}\,]\cdot[\,\Delta x_{\mathrm{e}}^k\quad \Delta x_{\mathrm{n}}^k\,]^{\mathrm{T}}+\boldsymbol{L}^0 \tag{4-34}$$

写为一般形式为

$$\boldsymbol{L}^k=\boldsymbol{B}_L^k\cdot\boldsymbol{l}_L \tag{4-35}$$

式中，$\boldsymbol{B}_L^k=[\,\Delta x_{\mathrm{e}}^k\quad \Delta x_{\mathrm{n}}^k\quad 1\,]$ 是设计矩阵；$\boldsymbol{l}_L=[\,\partial L/\partial x_{\mathrm{e}}\quad \partial L/\partial x_{\mathrm{n}}\quad L^0\,]^{\mathrm{T}}$ 为未知参数矩阵。

式（4-35）给出了基于地表应力应变模型的观测值邻近点之间的函数关系，基于此理论模型及观测噪声的高斯分布假设前提下，即可实现观测数据的同质点选取目的。图 4-23 是 SMAD 算法的基本流程，在原始窗口内观测数据 L [图 4-23（a）] 的基础上，利用方向滤波模板（图 4-24）剔除可能的断层另外一侧的点（步骤 1），利用剩余的一半观测数据 [图 4-23（b）]，根据式（4-35）计算未知参数向量 $\boldsymbol{l}_L$ 及观测值方差 var（步骤 2）。基于步骤 2 计算的未知参数向量 $\boldsymbol{l}_L$ 和系数矩阵 $\boldsymbol{B}_L^k$ 即可反算得到观测数据 L' [步骤 3，图 4-23（c）]。在观测值噪声为正态分布假设的前提下，L 和 L' 之差 v_L [步骤 4，图 4-23（d）] 与观测值方差 var 之比 r [步骤 5，图 4-23（e）] 在 99% 的置信度下应小于 3。基于此，假设 $T_1=3$，基于条件 $r<T_1$ 即可选出同质点 [步骤 6，图 4-23（f）]。然而，由于步骤 2 仅利用了一半的数据，基于最小二乘准则计算方差，$T_1=3$ 这个条件往往过于苛刻。因

此，本节与其他自适应滤波算法相似[38,39]，基于步骤 6 得到的初始同质点［图 4-23（f）］重复进行步骤 2 ~ 5，设置 $T_2=6$，将 $r<T_2$ 的点选出作为最终的同质点［图 4-23（g）］。

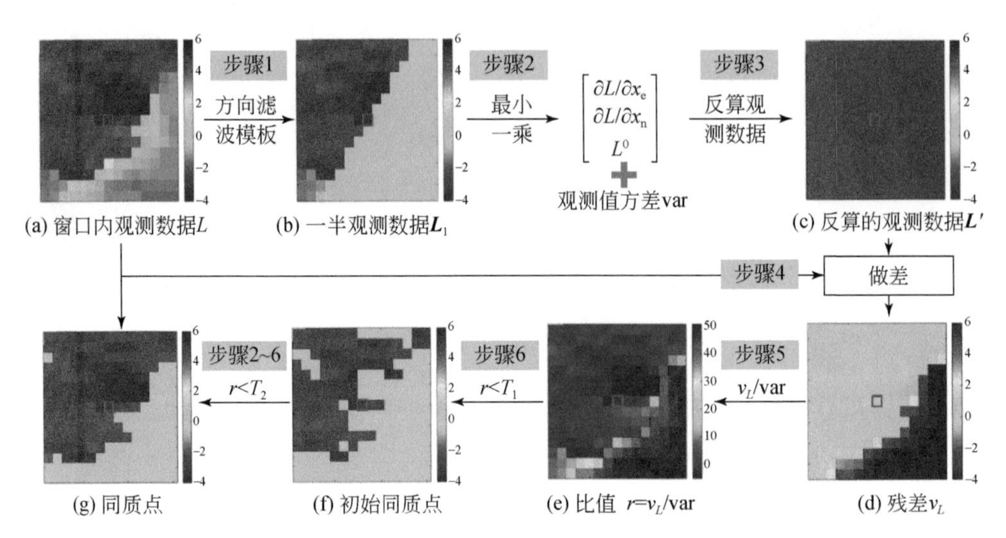

图 4-23　基于地表应力应变模型的观测值同质点选取方法流程

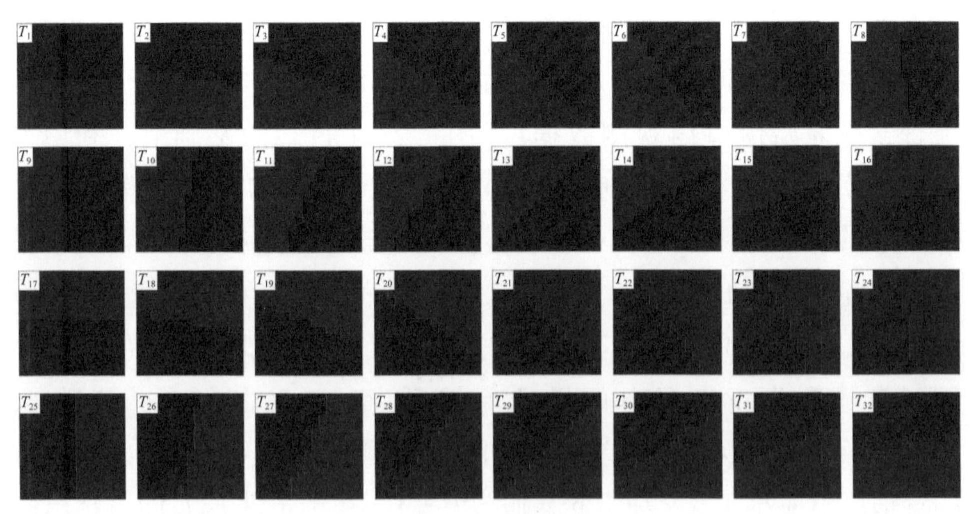

图 4-24　方向滤波模板

红色代表 1，蓝色代表-1

4.7.3 实验结果分析

由于升轨 ALOS-2 方位向形变观测数据［图 4-22（i）和（m）］受电离层影响严重，本次实验只利用其余 12 个独立的 InSAR 观测资料，通过 SM-VCE 方法获取了 2016 年新西兰凯库拉地震完整的、高精度的三维地表形变场（图 4-25）。在 SM-VCE 方法的实现过程中，观测方程是基于一个固定大小窗口中的所有观测值建立的，该窗口的大小应该随位置的不同而自适应变化，更准确地说是随局部变形梯度的变化而变化。但是，由于不同地质灾害的形变特征各不相同，很难建立窗口大小与局部变形梯度之间的确定性关系。本研究基于 4.4 节，利用一系列模拟实验来确定最优窗口，即本研究取窗口大小为 15 像素×15 像素。同时，利用 4.6.2 节介绍的 SMAD 算法实现窗口内同质点的选取。因为 POT/MAI 观测值的精度在分米级到厘米级，而 D-InSAR测量值精度在厘米级到毫米级，为了利用 VCE 算法得到不同 InSAR 观测资料的精确权重，本研究中式（4-23）的收敛阈值设为 1 cm^2。在此基础上，可以逐像素获取最终的完整三维变形场。如图 4-25 所示，破裂的断层轨迹在三维形变场中十分明显，并且与模型反演的断层几何十分一致。东西向、南北向和垂直向的最大形变分别可达 7.0 m、5.5 m 和 8.5 m。其中，最大的水平位移发生在 KF 的北侧，其大小为 7.8 m，其方向与 KF 的走向较为一致，而最大地表抬升发生在 JT 和 PF 之间。

SM-VCE 方法不仅可以获取高精度三维地表形变，也可以对三维地表形变进行精度评估。如图 4-26 所示，三维地表形变的标准差整体是在分米级到厘米级之间。在断裂带附近，三维地表形变全部由 POT 的结果计算得到，因此该区域三维地表形变的标准差较大。同时，在远场区域，南北向形变对应的标准差值最高，这是因为该方向的形变大部分由分米级精度的 MAI/POT 观测资料计算得到。垂直向比东西向的形变精度略低，这是因为在现有 SAR 测量资料的观测几何条件下，

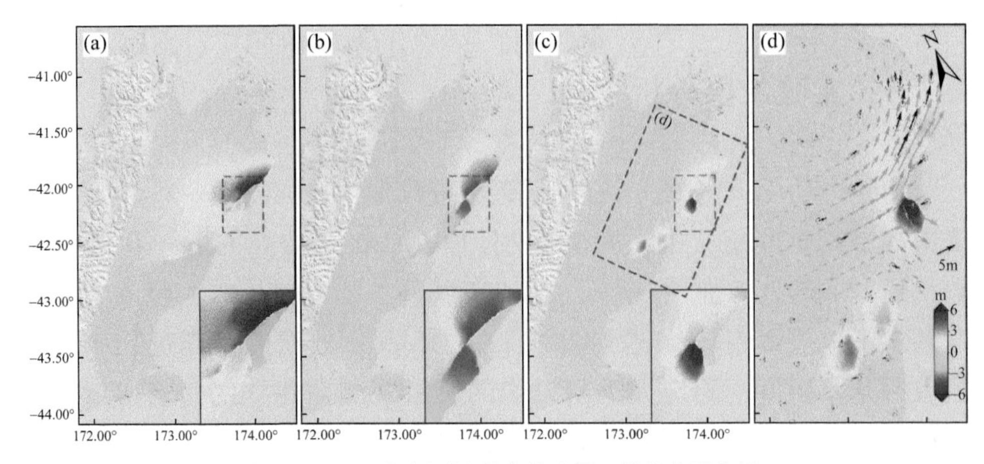

图 4-25　2016 年新西兰凯库拉地震三维地表形变场

（a）东西向形变；（b）南北向形变；（c）垂直向形变；（d）蓝色虚线方框区域的三维形变场，其中颜色和箭头分别代表垂直向和水平向形变

南北向与垂直向形变分量之间的协方差和相关性均大于其他形变分量之间协方差和相关性。因此，低精度的南北向形变估值将进一步影响垂直向形变结果。

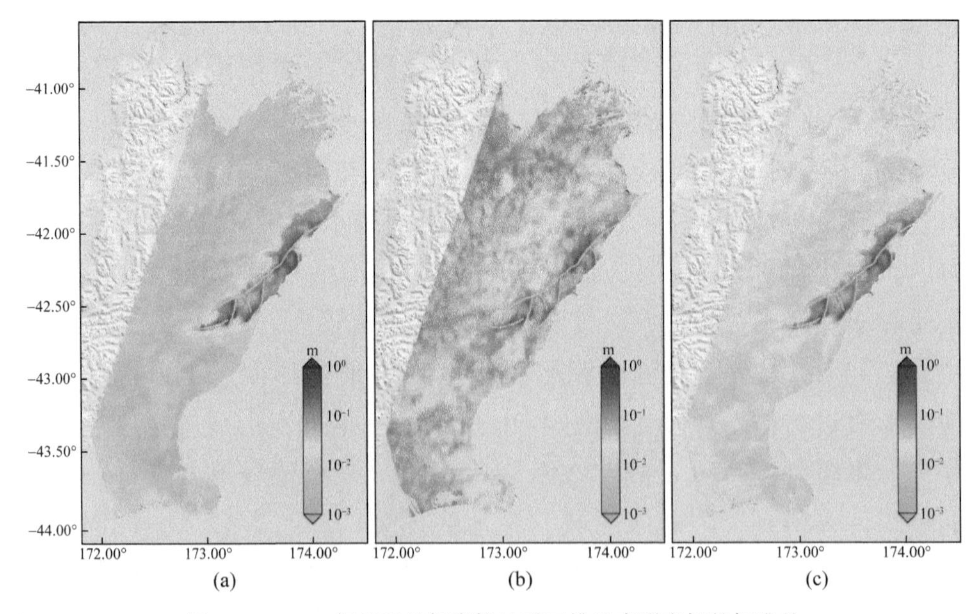

图 4-26　2016 年新西兰凯库拉地震三维地表形变场的标准差

（a）东西向形变标准差；（b）南北向形变标准差；（c）垂直向形变标准差

同时，独立的 GNSS 测站形变观测数据也可用于评估 InSAR 观测资料获取的三维地表形变场的精度，这些 GNSS 站点位置如图 4-21 所示。图 4-27 为 GNSS 和 InSAR 观测资料获取的三维形变结果的定量比较。在东西向、南北向和垂直向形变分量中，InSAR 观测资料获取的三维形变的 RMSE 分别为 8.4 cm、13.7 cm 和 6.9 cm，其量级比 SM-VCE 方法估计的标准差量级更大。其中一个主要原因是部分 GNSS 流动站的观测时间跨度较长，其形变观测值中包含了更多的非同震信号。此外，由于 GNSS 是点观测，而 InSAR 是面观测，InSAR 在 GNSS 站点所在位置不一定有精确的测量结果，因此，InSAR 和 GNSS 观测值之间的比较也会存在一定的误差。尽管如此，从图 4-27 可以看出，GNSS 的形变结果大都分布在 InSAR 观测资料估计的三维形变的三倍标准差之内，从另外一个角度说明了 SM-VCE 方法精度评估的可靠性。

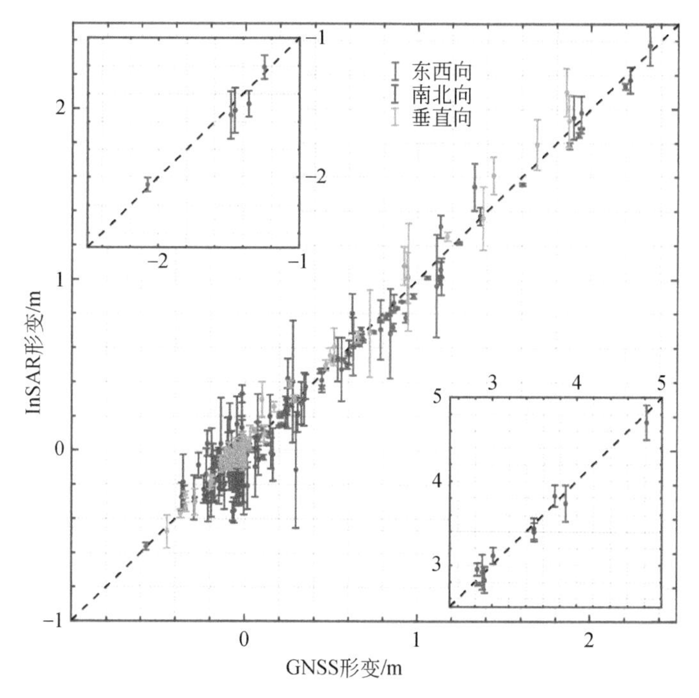

图 4-27　2016 年新西兰凯库拉地震 InSAR 和 GNSS 获取的三维地表形变场对比

已有研究证明，SM-VCE 方法比 WLS 方法更适用于基于 InSAR 观测资料的地震和火山活动等三维地表形变估计[23,24]。这种方法的优点主要体现在两方面。一方面，该方法利用地球动力学模型（即地表应力应变模型）建立观测方程，明显优于纯数学的空间滤波方法或者逐像素的 WLS 方法；另一方面，基于所建立的观测函数，利用 VCE 算法确定精确权重，为获取高精度三维地表形变提供了有力保障。VCE 算法在传统 WLS 逐像素的算法中是无法使用的，因为方差分量估计根据观测值的统计特性实现各类观测值中误差的准确估计，需要大量的冗余观测，而传统算法只有少量的观测数据。同时，传统 WLS 方法假设远场区域没有形变，只包含随机误差，或者假设一定区域内服从各态历经过程，进而估计各类 InSAR 观测资料的先验方差/权重，然而实践证明，这种方法在很多情况下是不够精确的。

为了对比，本节利用 WLS 方法获取了 2016 年新西兰凯库拉地震的三维地表形变场。表 4-11 中不同 InSAR 观测资料的先验方差是通过远场区域（图 4-21）计算得到的。与 GNSS 数据相比，WLS 方法获取的东西向、南北向和垂直向的 RMSE 分别是 10.2 cm、16.7 cm 和 8.5 cm，表明采用 SM-VCE 相对于 WLS 在东西向、南北向和垂直向形变精度方面可分别提高 15%、17% 和 18.8%。

表 4-11　基于远场数据和 GNSS 数据估计的多源 InSAR 数据的先验方差

（单位：cm）

数据	先验方差	
	基于远场数据	基于 GNSS 数据
ALOS2_ As_ DInSAR	2.0	7.2
ALOS2_ Des_ DInSAR	3.4	3.8
S1_ As_ DInSAR	3.8	6.5
S1_ Des_ DInSAR	1.6	1.9
ALOS2_ As_ POT_ LOS	68.9	72.6

续表

数据	先验方差	
	基于远场数据	基于 GNSS 数据
ALOS2_ Des_ POT_ LOS	30.7	17.3
S1_ As_ POT_ LOS	31.9	20.8
S1_ Des_ POT_ LOS	47.2	26.1
ALOS2_ Des_ POT_ AZI	16.5	15.6
S1_ As_ POT_ AZI	95.3	46.6
S1_ Des_ POT_ AZI	134.8	122.4
ALOS2_ Des_ MAI	35.6	26.3

(1) InSAR 形变观测数据精度评估

对于 InSAR 观测资料，精度评估仍然是一个亟待解决的难题。通常情况下，可以利用 GNSS 和水准测量等传统大地测量技术对 InSAR 观测资料进行精度评估，但是这类大地测量资料并不总是可用。并且，由于 GNSS、水准等传统大地测量资料与 InSAR 观测数据的时空差异性，两者之间对比往往是比较困难的。此外，由于大气延迟、时空失相干等诸多 InSAR 观测资料的固源误差影响，很难对各种 InSAR 观测资料的先验方差进行准确估计。本研究提出的 SM-VCE 方法通过后验估计方法为 InSAR 观测资料的精度评估提供了契机，这不仅有利于获取更为精确的三维地表形变，也有利于促进 InSAR 观测资料的其他融合应用，如融合多源 InSAR 观测资料反演地震滑动分布等。

本研究利用 SM-VCE 估计的 InSAR 观测资料的标准差如图 4-28 所示。从图 4-28 可以看出，POT/MAI 获取的形变标准差通常在分米级，D-InSAR 获取的形变精度通常在厘米级甚至毫米级。对比 POT 获取的不同形变标准差可以看出，SAR 影像的空间分辨率越高，利用 POT 获取的形变精度越高。同时，升轨和降轨的 Sentinel-1 数据对比可知，两景 SAR 影像的时间间隔越久，利用 POT 获取的形变精度越低。与已有研究不同的是，相比于 POT 方法，MAI 方法获取的方位向形变结果精度偏

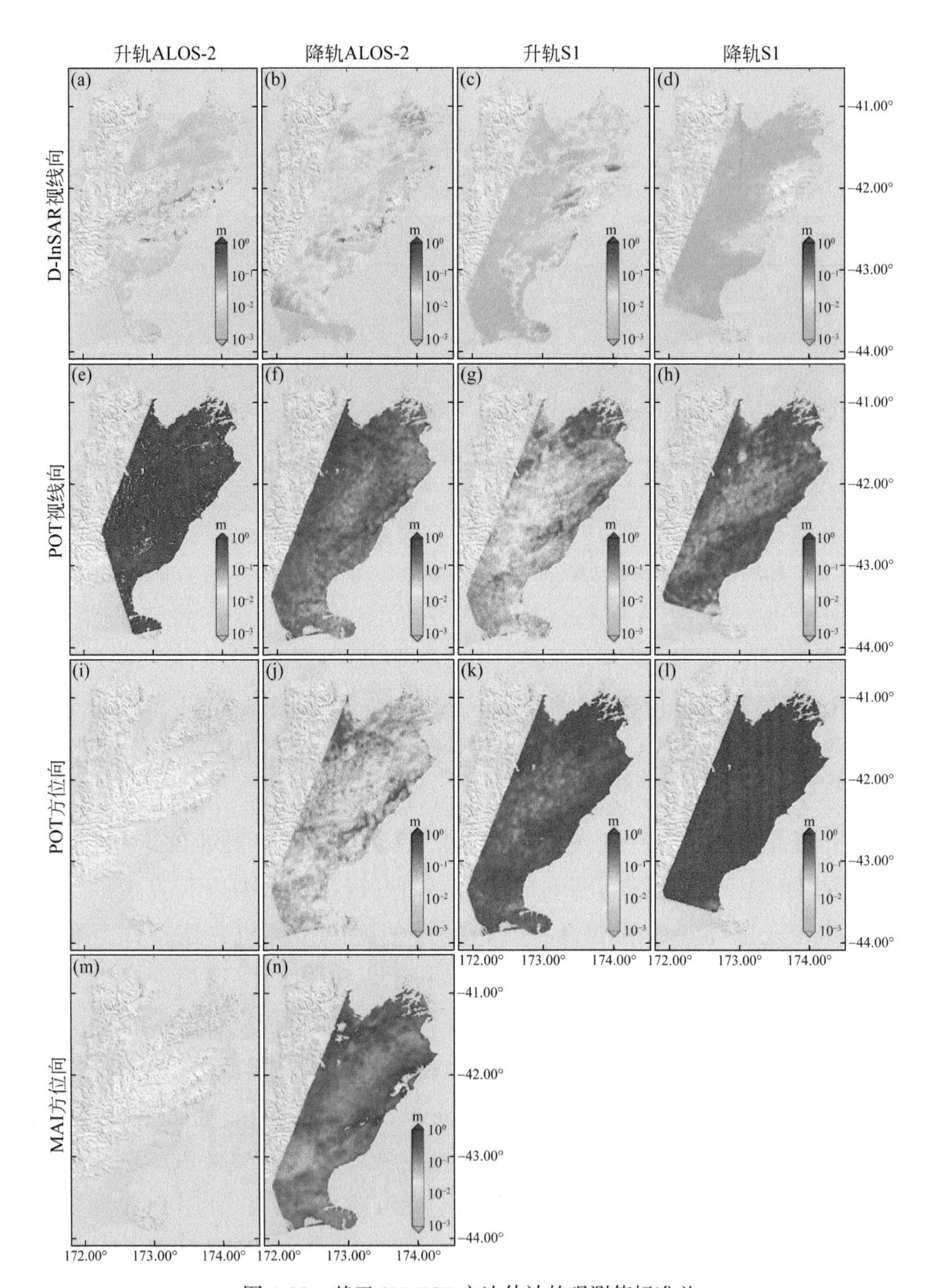

图 4-28　基于 SM-VCE 方法估计的观测值标准差

低。这主要是由于 ALOS-2 宽幅数据的方位向带宽较小，其 MAI 形变测量精度较低。对比 ALOS-2 和 Sentinel-1 数据利用 D-InSAR 获取的形变标准差图发现，前者的标准差更大，这可能是由于在相同相位误差条件下，L 波段的形变误差更大。此外，通过对比标准差图和原始 InSAR 形变图可以发现，形变图中一些噪声比较明显的区域在标准差图中对应区域的值也较高，说明 SM-VCE 方法可以较好地反映观测值的精度水平。然而，ALOS-2 数据获取的方位向形变结果中具有较为明显的类电离层误差信号，但此误差并未反映在对应的标准差图上。这是因为 Sentinel-1 数据比 ALOS-2 数据获取的方位向形变精度低，不能对南北向形变提供有效约束，因此相应的电离层误差几乎全部传递至南北向形变。

（2）断裂带附近同质点选取的必要性

本节提及的 SMAD 进一步提高了 SM-VCE 方法在断裂带附近估计三维地表形变的能力。众所周知，地震震中或断裂带附近的三维地表形变对约束断层滑移模型具有重要意义[40-42]。然而，原始的 SM-VCE 方法在建立观测方程时，未考虑窗口内是否包含非同质点，因此，在断层附近估计三维地表形变会使其估计精度大打折扣。本节提出的 SMAD 可自适应地实现窗口内异质点的剔除，进而提高三维形变的估计精度。图 4-29 为震中区域多源 InSAR 观测资料和基于 SMAD 选取的每个像素周围空间同质点（spatially homogeneous points，SHPs）数量的对比。从图 4-29 可以看出，几个主要断层线可以较明显地识别出来。同时，以断层附近某点为例（图 4-29 中的洋红色矩形），图 4-30 显示了不同 InSAR 观测资料在 SMAD 处理前后的对比图，可以发现，该方法可以较好地剔除异质点。

图 4-31 为使用 SMAD 前后获取的近场三维形变对比图。从图 4-31 可以看出，使用 SMAD 进行同质点选取估计得到的三维地表形变场的结果更加符合实际。尤其在以断层线为中心宽度约 30 像素的缓冲区内，未使用 SMAD 的三维形变结果在断层线两侧变化较为平滑，不

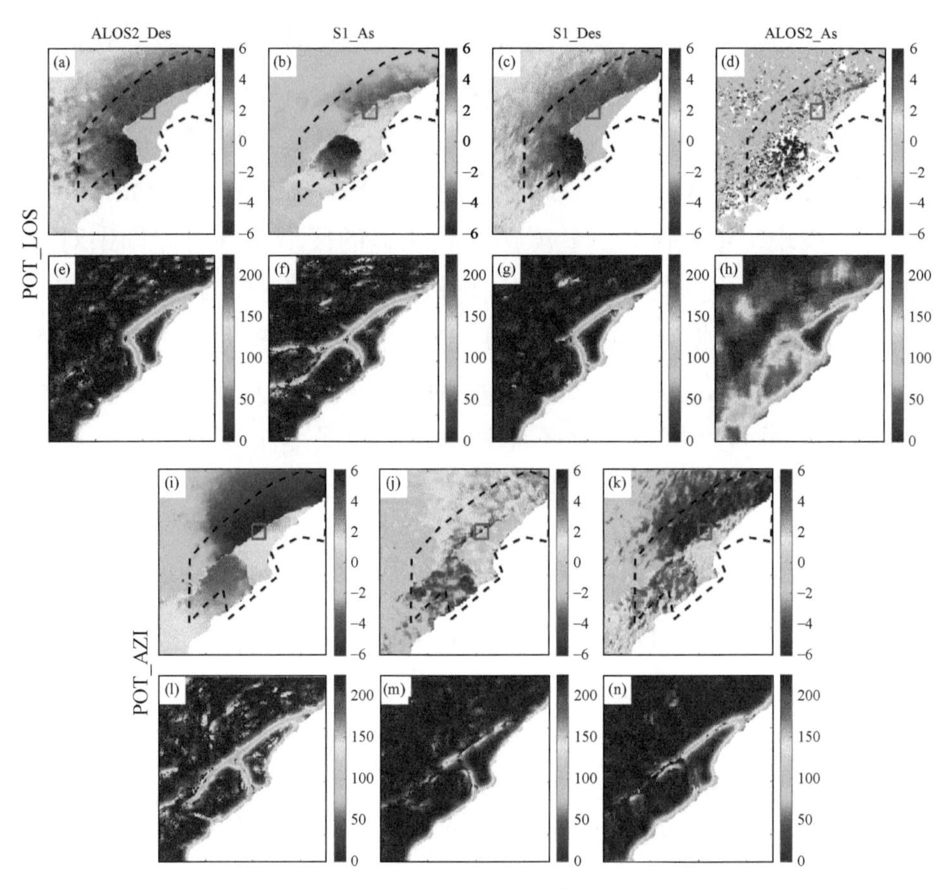

图 4-29 (a)~(d) 和 (i)~(k) 震中区域 POT 技术获取的形变观测值，(e)~(h) 和 (l)~(n) 各观测值对应像素利用 SMAD 选取的同质点数量。图中的洋红色矩形和黑色虚线多边形代表图 4-30 和图 4-31 的范围

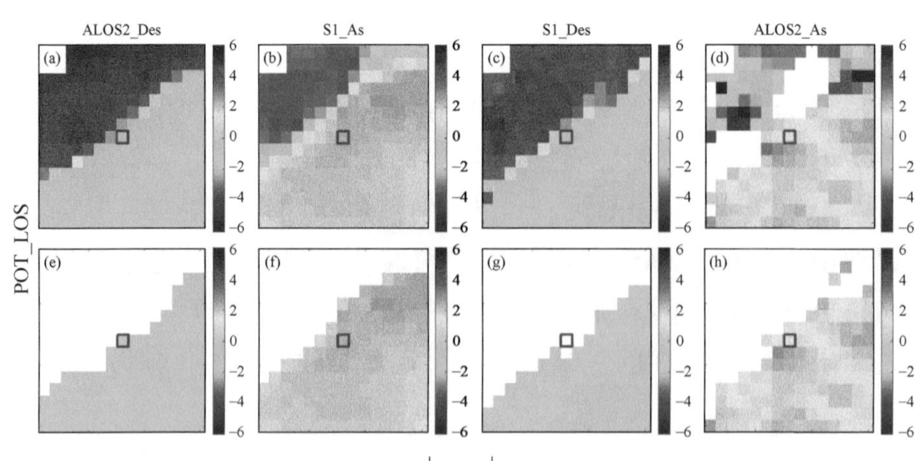

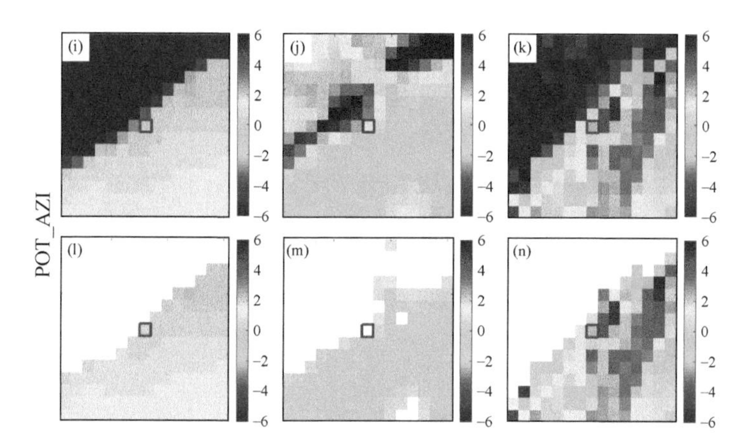

图 4-30　图 4-29 中洋红色矩形内不同形变观测值利用 SMAD 方法选取的同质点结果

(a)~(d) 和 (i)~(k) 为原始观测数据，(e)~(h) 和 (l)~(n)
利用 SMAD 方法选取的同质点结果，单位 m

符合断层运动的动力学特征。为了进一步定量说明使用 SMAD 方法对断层附近三维形变精度的改善效果，本节进行了相应的模拟实验。在模拟实验中，本次实验估计的三维地表形变作为真值，基于成像几何可得到相应的 InSAR 观测数据，同时，在模拟的观测数据中加上了一定方差的高斯噪声。然后，在使用或者未使用 SMAD 方法的情况下，利用 SM-VCE 方法进行三维地表形变的求解。两种方法得到三维地表形变的精度对比见表 4-12。结果表明，在断层附近，基于 SMAD 的 SM-VCE 方法得到的三维形变精度可提高约 70%。

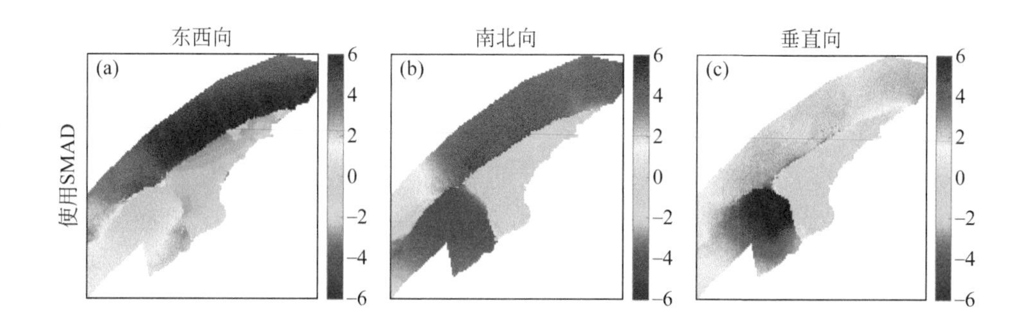

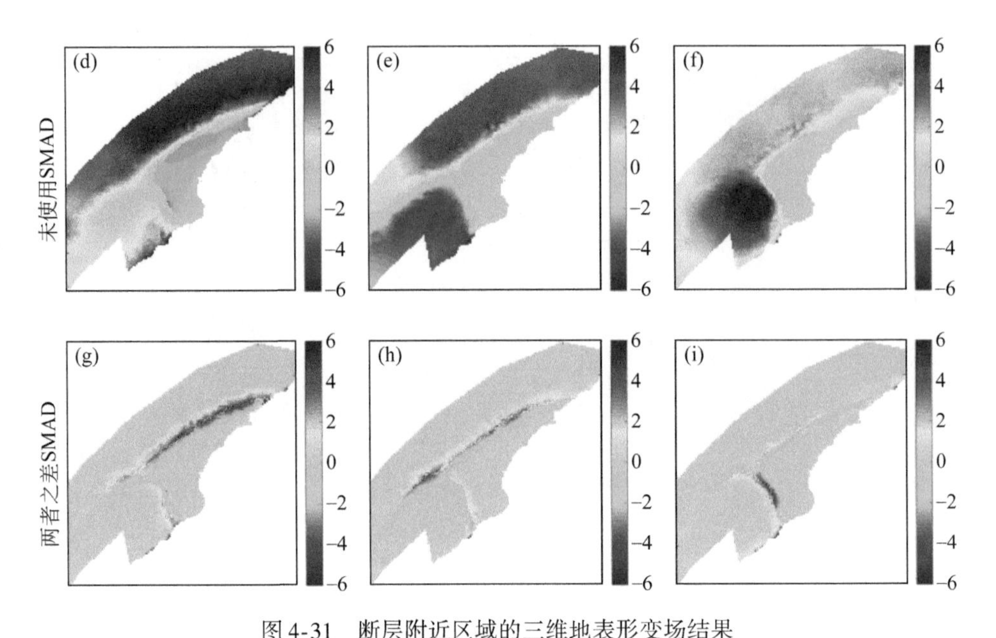

图 4-31 断层附近区域的三维地表形变场结果

(a)~(c) 使用 SMAD 方法选取同质点的结果，(d)~(f) 未使用 SMAD 方法选取同质点的结果，(g)~(i) 两者之差

表 4-12 模拟实验中未使用和使用 SMAD 方法得到三维地表形变的精度对比

方法	东西向	南北向	垂直向
未使用 SMAD/cm	160	133	91
使用 SMAD/cm	38	39	33
改进效果/%	76	71	64

注：由于断层两侧的形变量级高达 6m 之多，未使用 SMAD 方法的结果误差可达到米级。

(3) 不同配置 InSAR 形变观测数据对三维形变结果的影响

通常情况下，利用 4 个成像几何差异明显的 InSAR 观测资料即可为三维地表形变求解提供一个很好的约束。随着技术的发展，新一代 SAR 卫星的空间分辨率/空间覆盖范围不断提高，卫星重访周期不断缩短，对于单一地质灾害，将会有不同卫星、不同轨道的很多 SAR 数据可以使用。然而，由于大部分 SAR 数据来自于商业卫星，其数据成本高昂，对于某一地质灾害，不可能收集到所有的可用数据。基于此，本次实验将开展不同配置（包括不同数量和不同类型）的 InSAR 观测资料组合对三维地表形变估计精度的影响研究，进而为三维地表形变的相关研究提供参考。这里将 D-InSAR、MAI 和 POT 技术获取的形变观测数据视为不同类型的 InSAR 观测资料。

表 4-13 为不同 InSAR 观测资料组合得到的三维地表形变精度比较。由于 Sentinel 数据的覆盖范围大，重访周期固定，并且数据可以免费获取，本研究首先基于 Sentinel-1 的升降轨数据进行了相关实验（表 4-13 中的 C1 ~ C3）。另外，相比于 Sentinel-1 数据，ALOS-2 卫星数据凭借其更长的波长、更高的空间分辨率，也常常用于获取地表形变（表 4-13 中的 C4）。然而，不同的数据在获取不同方向地表形变时的表现不一样。例如，Sentinel-1 数据的真实空间分辨率为 ~2.3 m×14.1 m（距离向×方位向），而 ALOS-2 宽幅扫描模式数据的真实空间分辨率为 ~8.6 m×2.9 m，因此利用 POT 方法获取地表 LOS 向形变时，Sentinel-1 数据的精度较高，而获取方位向形变时，ALOS-2 数据精度较高。在实际应用过程中，常常需要融合不同卫星平台数据来估计最优的三维地表形变（表 4-13 中的 C5 ~ C10）。

D-InSAR 和 MAI 得到的形变结果在断裂带附近失相干严重，因此表 4-13 中分别统计了整个形变场和远场两类均方根误差，而对于少于 3 个 POT 观测数据的组合，仅统计了远场的均方根误差。在第一个组合中，仅包含了 Sentinel-1 数据的 POT 观测数据，三维形变的均方根误差均较高，且由于 Sentinel-1 数据的方位向空间分辨率较低，南北向形变的均方根误差达到了 ~25cm。当进一步将 LOS 向的 POT 观测数据替换为 D-InSAR 观测数据时（C2、C3），东西向和垂直向形变精度得到了明显改善。而对比 C2、C3 发现，当增加了精度较低的 POT 获取的 LOS 向观测数据时，三维地表形变的精度并没有十分明显的变化。C4 利用 ALOS-2 数据进行三维地表形变估计，由于升轨的 ALOS-2 数据中包含较为严重的电离层误差，C4 中不包含升轨方位向的数据，不能为三维形变估计提供较好的约束。同时，在相同相位误差情况下，ALOS-2 数据比 Sentinel-1 数据获取的 D-InSAR 形变精度低，这导致 C4

比 C3 获得的东西向和垂直向形变精度更差。但由于 ALOS-2 影像的方位向空间分辨率较高，C4 比 C3 获得的南北向形变精度更高。

如前所述，融合 ALOS-2 和 Sentinel-1 数据估计三维地表形变可以实现两者的优势互补。C5 利用升轨 Sentinel-1 数据和降轨 ALOS-2 数据的 POT 形变结果估计三维地表形变，由于 ALOS-2 宽幅扫描模式数据的方位向分辨率较高，与 C1 相比，C5 的南北向形变精度得到了大幅度提高。C6 利用升轨、降轨的 Sentinel-1 数据和降轨 ALOS-2 数据的 POT 形变结果估计三维地表形变，对比 C1 和 C5 发现，观测值的 POT 观测数据越多，三维地表形变解算的精度有所提高。在 C5 的基础上，本次实验分别将 POT 观测数据替换为对应的 MAI（C7）或者 D-InSAR（C8）观测数据，结果发现，D-InSAR 观测数据的引入极大地提高了东西向和垂直向形变精度（C8），但由于 MAI 形变结果精度不高，引入 MAI 观测数据对三维地表形变结果影响不大（C7）。基于此，本次实验在 C5 基础上引入了所有的D-InSAR 观测数据（C9），发现三维地表形变的精度进一步提高，但提高幅度较小。最后融合所有观测数据进行三维地表形变解算（C10），结果证明，此时的三维形变结果整体上优于之前所有组合。

综上所述，InSAR 观测资料的类型对三维地表形变精度影响较大，特别是当不同类型的 InSAR 观测资料精度差异较大时，如 D-InSAR 和 POT 获取的形变观测数据。此外，InSAR 观测资料的数量对三维地表形变结果的精度也有十分重要的影响。如表 4-13 所示，三维地表形变的精度整体上随着 InSAR 观测资料的个数增加而提高。但是，与增加 InSAR 观测资料类型（C5 和 C8）改进相比，通过增加 InSAR 观测资料个数所提高的三维地表形变精度是有限的。

（4）InSAR 三维形变精度因子

随着技术的发展，在轨 SAR 卫星的数量不断增多，同一事件可获取的 SAR 数据也越来越多，如本节中的 2016 年新西兰凯库拉地震，我们收集了与该事件相关的升降轨 ALOS-2 数据和升降轨 Sentinel-1 数据，同时，利用 D-InSAR、MAI 和 POT 分别获取了沿卫星飞行方向与

表 4-13　不同数量/类型的观测值组合获得的三维地表形变均方根误差（RMSE）及形变精度因子（DDOP）

观测值组合		观测值个数	RMSE/cm						DDOP			
			东西向		南北向		垂直向		$DDOP_e$	$DDOP_n$	$DDOP_u$	DDOP
			远场	全场	远场	全场	远场	全场				
C1	S1_ POT	4	10.9	13.8	21.4	22.2	11.5	12.5	27.0	46.3	25.3	59.3
C2	S1_ POT_ AZI S1_ DInSAR	4	3.3	—	20.5	—	6.4	—	5.5	45.9	12.8	48.0
C3	S1	6	3.3	8.7	20.5	27.5	6.4	9.7	5.2	45.9	12.7	47.9
C4	ALOS2	5	6.1	7.7	12.2	12.7	5.5	7.2	6.2	13.9	6.8	16.6
C5	ALOS2_ Des_ POT_ LOS ALOS2_ Des_ POT_ AZI S1_ As_ POT_ LOS S1_ As_ POT_ AZI	4	12.7	13.5	13.9	14.1	8.2	9.5	19.9	16.3	19.5	32.2
C6	C5+ S1_ Des_ POT_ LOS S1_ Des_ POT_ AZI	6	9.3	11.3	12.3	13.1	8.2	8.6	18.5	16.1	17.7	30.2
C7	ALOS2_ Des_ POT_ LOS ALOS2_ Des_ MAI S1_ As_ POT_ LOS S1_ As_ POT_ AZI	4	14.2	14.4	13.8	16.6	10.8	11.4	20.0	24.2	20.0	37.2

续表

观测值组合		观测值个数	RMSE/cm						DDOP			
			东西向		南北向		垂直向		$DDOP_e$	$DDOP_n$	$DDOP_u$	DDOP
			远场	全场	远场	全场	远场	全场				
C8	ALOS2_ Des_ DInSAR ALOS2_ Des_ POT_ AZI S1_ As_ POT_ LOS S1_ As_ POT_ AZI	4	4.3	–	12.1	–	4.7	–	5.6	15.5	7.0	17.9
C9	C5+C8	6	4.3	7.5	12.1	12.9	4.7	6.8	5.4	15.5	6.9	17.8
C10	S1+ALOS2	12	3.6	6.1	12.6	13.2	4.3	6.4	4.0	13.3	4.8	14.7

注：观测数据是由若干缩写词加下划线组成，S1、ALOS2、POT、MAI、DInSAR、LOS、AZI、As、Des 分别代表 Sentinel 数据、ALOS2 数据、POT 技术、MAI 技术、D-InSAR 技术、雷达视线向（LOS）、方位向（AZI）、升轨（As）和降轨（Des）。例如，S1 表示基于升降轨 Sentinel 数据，利用 POT 技术、MAI 技术、D-InSAR 技术获取的视线向和方位向的所有形变观测数据的组合。S1_ POT 表示基于升降轨 Sentinel 数据，利用 POT 技术获取的视线向和方位向的所有形变观测数据的组合。S1_ Des_ POT_ LOS 表示基于降轨 Sentinel 数据，利用 POT 技术获取的视线向形变观测数据。远场代表不包含相位观测数据失相干区域的其他区域，全场代表所有 SAR 影像覆盖的公共区域。

视线方向的12个独立形变观测数据，为解算此次事件的三维形变提供了充足的数据基础。然而，到目前为止，还没有相关研究揭示不同数量/类型InSAR形变观测数据对三维形变结果精度的影响。在GNSS中，几何精度因子（geometric dilution of precision，DOP或GDOP）常常用来表示不同观测几何下三维位置的精度水平[43]。同样，在高轨SAR中也引入了类似概念来确定第三个观测数据的几何位置[44]。本节定义了一个类似的名词来表示不同数量/类型低轨InSAR形变观测数据对三维形变结果精度的影响，即形变精度因子（deformation dilution of precision，DDOP）。

基于误差传播定律可得，三维地表形变的协因数矩阵为

$$Q_{enu}=(B_{geo}^{T}\cdot \boldsymbol{W}\cdot B_{geo})^{-1} \tag{4-36}$$

式中，B_{geo}可从式（4-7）得到。$\boldsymbol{W}$为对角矩阵，代表各类观测值的相对权重。但是，$\boldsymbol{W}$往往难以事先准确确定，因此，在实际应用中$\boldsymbol{W}$可事先根据某些先验信息粗略估计，进而达到对比不同数量/类型InSAR观测数据的目的。或者，也可根据式（4-24）精准确定$\boldsymbol{W}$。基于此，DDOP可根据式（4-37）计算：

$$\mathrm{DDOP}=\sqrt{Q_{ee}+Q_{nn}+Q_{uu}}=\sqrt{\mathrm{DDOP}_e^2+\mathrm{DDOP}_n^2+\mathrm{DDOP}_u^2} \tag{4-37}$$

式中$Q_{ee}=\mathrm{DDOP}_e^2$、$Q_{nn}=\mathrm{DDOP}_n^2$、$Q_{uu}=\mathrm{DDOP}_u^2$分别代表Q_{enu}的对角线元素。DDOP_e、DDOP_n、DDOP_u分别代表东西向、南北向和垂直向形变的精度因子。基于此，地表形变的方差SD_{defo}和精度因子DDOP之间的关系可表示为

$$\mathrm{SD}_{defo}=\sigma_0\cdot \mathrm{DDOP}=\sqrt{\mathrm{SD}_e+\mathrm{SD}_n+\mathrm{SD}_u} \tag{4-38}$$

式中，σ_0代表单位权中误差；SD_e、SD_n和SD_u分别代表东西向、南北向和垂直向形变的方差。

因此，本书基于式（4-38）计算了三维地表形变的DDOP值（表4-13）。可以看出，DDOP值与利用GNSS数据估计的RMSE值较为一致。但是，在某些组合中（如C1），DDOP值与RMSE值相差较多。这一方面是因为GNSS与InSAR数据的时空分辨率不一样，会给

RMSE 的估计带来一定偏差；另一方面是因为通过 SM-VCE 获取的三维地表形变考虑了邻近点三维形变的空间关系，而基于误差传播理论计算的 DDOP 值仅考虑了观测值的成像几何，这在一定程度上也会导致 DDOP 值和 RMSE 值的差异性。值得注意的是，DDOP 值可以较直观地反映地表形变的精度水平。如表 4-13 所示，C4、C8 ~ C10 组合得到的三维形变 DDOP 值较为相似。这表明，尽管四种组合的观测值数据有所差异，但计算得到的三维地表形变精度较为相似。

同时，本书也基于 DDOP 值研究了不同 SAR 卫星平台（轨道）数据对三维地表形变精度的影响。其中，假设所有轨道的数据均不受电离层等误差影响，可以得到较为理想的 D-InSAR、MAI 和 POT 形变结果。4.6.3 节得到的 InSAR 形变结果的方差可作为先验信息来确定式（4-36）中的矩阵 $\boldsymbol{W}$。基于此，本次实验研究了四种组合对三维地表形变的影响（表 4-14）。从表 4-14 可以看出，当观测数据越多时，三维形变结果的精度越高。对比 CS2 和 CS3 发现，升轨 ALOS-2 数据与 Sentinel-1 数据组合可以得到更为准确的三维地表形变。

表 4-14　不同轨道 SAR 数据组合得到的三维地表形变精度对比

不同轨道数据组合		$DDOP_e$	$DDOP_n$	$DDOP_u$	DDOP
CS1	S1_ As+S1_ Des	5.2	45.9	12.7	47.9
CS2	S1_ As+S1_ Des+ALOS2_ As	4.2	13.5	4.6	14.8
CS3	S1_ As+S1_ Des+ALOS2_ Des	5.0	13.5	5.8	15.4
CS4	S1_ As+S1_ Des+ALOS2_ As+ALOS2_ Des	4.0	9.7	4.1	11.2

4.8 本章小结

本章介绍了融合多源数据的 InSAR 三维形变监测方法，分析了多源异质 InSAR 形变观测数据（包括 D-InSAR、POT 和 MAI 形变观测数据）与三维地表形变的几何投影关系，概述了融合多源 InSAR 数据估计三维地表形变的经典函数模型与随机模型，在此基础上提出了基于地表应力应变模型的 InSAR 三维地表形变估计函数模型和基于方差分量估计的随机模型（SM-VCE 方法），实现了三维地表形变的高精度求解。

为了验证 SM-VCE 方法在 InSAR 三维地表形变估计方面的可行性及精度，本章首先开展了模拟实验，探究了不同窗口下 InSAR 三维地表形变估计精度及效率，确定了新方法在实例研究中估计 InSAR 三维地表形变时的最优窗口大小为 15 像素×15 像素。与经典 WLS 方法相比，SM-VCE 算法能够有效地改善三维形变的估计精度，其在东西向、南北向和垂直向的精度分别改善 94.4%、91.7% 和 93.5%。

随后，利用该方法获取了 2007 年夏威夷基拉韦厄火山活动的三维地表形变场，与经典 WLS 方法相比，SM-VCE 方法可以获得更为精确的权重比例。与 23 个 GNSS 站点形变观测数据相比，SM-VCE 方法可在东西向、南北向和垂直向的形变精度分别改善 53.7%、22.4% 和 18.5%。

对于 2016 年鸟取中部地震而言，ALOS-2 卫星在该地区获取了地震前后的升降轨左右视的 L 波段 SAR 数据，为研究该地震的三维地表形变提供了珍贵的研究数据。基于本章提出的 SM-VCE 方法，同时引入抗差估计思想，显著改善了因影像覆盖范围不一致导致的边界跳变情况，降低了 InSAR 观测值中粗差对结果的影响，有效提高了三维地表形变测量的精度及可靠性。

最后，本章基于升降轨 ALOS-2 和 Sentinel-1 数据，利用 SM-VCE 方法获取了 2016 年新西兰凯库拉地震完整的高精度三维地表形变场。由于该地震有较多断层破裂至地表，在利用 SM-VCE 方法估计三维地表形变时会使得窗口内包含断层两侧的非同质点，进而大大影响断裂带附近三维地表形变估计的精度。基于此，本章首先提出了一种基于地表应力应变模型的形变同质点自适应邻域确定方法，该方法可在一定大小的窗口范围内自适应地剔除中心点像素的非同质点。为了获取最优的三维地表形变场，本研究不仅利用 POT 方法获取了完整的地表形变观测资料，还基于 D-InSAR 和 MAI 技术获取了该地震远场区域的地表形变信号。然后基于 12 个 InSAR 独立观测资料，利用 SM-VCE 和 SMAD 方法获取了该地震完整的高精度三维地表形变场，与 GNSS 验证站的数据比较结果表明，该方法获取的凯库拉地震的东西向、南北向和垂直向形变精度分别为 8.4 cm、13.7 cm 和 6.9 cm。由于该地震具有较为丰富的 SAR 数据和 GNSS 数据，本书进一步开展了不同数量/不同类型（如 D-InSAR、POT 和 MAI 等不同技术获取的 InSAR 观测资料）的 InSAR 观测资料组合对三维地表形变估计精度的影响研究，从而为后续三维地表形变研究提供了参考。结果表明，InSAR 观测资料的类型对三维地表形变精度影响较大，尤其是当不同类型的 InSAR 观测资料精度差异较大时，如D-InSAR 和 POT 获取的形变观测数据；而通过增加 InSAR 观测资料个数所提高的三维地表形变精度是有限的。同时，本章定义了表征 InSAR 三维形变结果精度的变量，即 DDOP，该变量类似于 GNSS 学科中的 GDOP，丰富了 InSAR 三维形变测量领域的知识体系。

参考文献

[1] Zebker H A, Villasenor J. Decorrelation in interferometric radar echoes. IEEE Transactions on Geoscience and Remote Sensing, 1992, 30: 950-959.

[2] Bechor N B D, Zebker H A. Measuring two- dimensional movements using a single InSAR pair. Geophysical Research Letters, 2006, 33: L16311.

[3] Werner C, Wegmüller U, Strozzi T, et al. Precision estimation of local offsets between pairs of SAR SLCs and detected SAR images. International Geoscience and Remote Sensing Symposium, 2005, 7: 4803.

[4] Fialko Y, Sandwell D, Simons M, et al. Three-dimensional deformation caused by the Bam, Iran, earthquake and the origin of shallow slip deficit. Nature, 2005, 435: 295-299.

[5] Funning G J, Parsons B, Wright T J, et al. Surface displacements and source parameters of the 2003 Bam (Iran) earthquake from Envisat advanced synthetic aperture radar imagery. Journal of Geophysical Research: Solid Earth, 2005, 110: B09406.

[6] Jung H S, Lu Z, Won J S, et al. Mapping Three-Dimensional Surface Deformation by Combining Multiple-Aperture Interferometry and Conventional Interferometry: Application to the June 2007

Eruption ofKilauea Volcano, Hawaii. IEEE Geoscience & Remote Sensing Letters, 2011, 8: 34-38.

[7] 孙建宝, 梁芳, 徐锡伟, 等. 升降轨道 ASAR 雷达干涉揭示的巴姆地震 (Mw6. 5) 3D 同震形变场. 遥感学报, 2006, (4): 59-66.

[8] Fialko Y, Simons M, Agnew D. The complete (3-D) surface displacement field in the epicentral area of the 1999 MW7. 1 Hector Mine Earthquake, California, from space geodetic observations. Geophysical Research Letters, 2001, 28: 3063-3066.

[9] Hu J, Li Z, Zhu J, et al. Inferring three-dimensional surface displacement field by combining SAR interferometric phase and amplitude information of ascending and descending orbits. Science China Earth Sciences, 2010, 53: 550-560.

[10] Hanssen R F. Radar Interferometry: Data Interpretation and Error Analysis. Kluwer: Kluwer Academic Publishers, 2001.

[11] 崔希璋, 于宗俦, 陶本藻, 等. 广义测量平差. 2 版. 武汉: 武汉大学出版社, 2009.

[12] Guglielmino F, Nunnari G, Puglisi G, et al. Simultaneous and Integrated Strain Tensor Estimation From Geodetic and Satellite Deformation Measurements to Obtain Three-Dimensional Displacement Maps. IEEE Transactions on Geoscience and Remote sensing, 2011, 49: 1815-1826.

[13] Gan J, Hu J, Li Z, et al. Mapping three-dimensional co-seismic surface deformations associated with the 2015 Mw7. 2 Murghab earthquake based on InSAR and characteristics of crustal strain. Science China Earth Sciences, 2018, 61: 1451-1466.

[14] Vaníček P, Grafarend E W, Berber M. Short note: Strain invariants. Journal of Geodesy, 2008, 82: 263-268.

[15] Sudhaus H, Jonsson S. Source model for the 1997 Zirkuh earthquake M-W=7. 2 in Iran derived from JERS and ERS InSAR observations. Geophysical Journal International, 2011, 185: 676-692.

[16] Rodriguez E, Martin J. Theory and design of interferometric synthetic aperture radars. IEE Proceedings F-Radar and Signal Processing, 1992, 139 (2): 147-159.

[17] Zebker H A, Chen K. Accurate estimation of correlation in InSAR observations. IEEE Geoscience and Remote Sensing Letters, 2005, 2: 124-127.

[18] Ding X L, Li Z W, Zhu J J, et al. Atmospheric effects onInSAR measurements and their mitigation. Sensors, 2008, 8: 5426-5421.

[19] Bamler R, Eineder M. Accuracy of differential shift estimation by correlation and split-bandwidth interferometry for wideband and Delta-k SAR systems. IEEE Geoscience and Remote Sensing Letters, 2005, 2: 151-155.

[20] Jung HS, Won J S, Kim S W. An Improvement of the Performance of Multiple-Aperture SAR Interferometry (MAI). IEEE Transactions on Geoscience and Remote Sensing, 2009, 47: 2859-2869.

[21] 胡圣武, 肖本林. 现代测量数据处理理论与应用. 北京: 测绘出版社, 2016.

[22] Hu J, Li Z W, Sun Q, et al. Three-Dimensional Surface DisplacementsFrom InSAR and GPS Measurements With Variance Component Estimation. IEEE Geoscience and Remote Sensing Letters, 2012, 9: 754-758.

[23] Liu J H, Hu J, Li Z W, et al. A Method for Measuring 3-D Surface Deformations WithInSAR Based on Strain Model and Variance Component Estimation. IEEE Transactions on Geoscience and Remote Sensing, 2018, 56: 239-250.

[24] Liu J, Hu J, Xu W, et al. Complete three-dimensional co-seismic deformation fields of the 2016 Central Tottori earthquake by integrating left- and right- lookingInSAR with the improved SM-VCE method. Journal of Geophysical Research: Solid Earth, 2019, 124: 12099-12115.

[25] Hanssen R F, Weckwerth T M, Zebker H A, et al. High-resolution water vapor mapping from interferometric radar measurements. Science, 1999, 283: 1297-1299.

[26] Li B F, Shen Y Z, Lou L Z. Efficient Estimation of Variance and Covariance Components: A Case Study for GPS Stochastic Model Evaluation. IEEE Transactions on Geoscience and Remote Sensing, 2011, 49: 203-210.

[27] Hu J, Li Z W, Ding X L, et al. 3D coseismic Displacement of 2010 Darfield, New Zealand earthquake estimated from multi- aperture InSAR and D-InSAR measurements. Journal of Geodesy, 2012, 86: 1029-1041.

[28] Xu W, Feng G, Meng L, et al. Transpressional rupture cascade of the 2016 Mw 7. 8 Kaikoura earthquake, New Zealand. Journal of Geophysical Research: Solid Earth, 2018, 123: 2396-2409.

[29] Li Z W, Ding X, Huang C, et al. Improved filtering parameter determination for the Goldstein radar interferogram filter. Isprs Journal of Photogrammetry and Remote Sensing, 2008, 63: 621-634.

[30] Chen C W, Zebker H A. Phase unwrapping for large SAR interferograms: Statistical segmentation and generalized network models. IEEE Transactions on Geoscience and Remote Sensing, 2002, 40: 1709-1719.

[31] 杨元喜. 抗差估计理论及其应用. 北京: 八一出版社, 1993.

[32] Yang Y, Cheng M K, Shum C K, et al. Robust estimation of systematic errors of satellite laser range. Journal of Geodesy, 1999, 73: 345-349.

[33] Hamling I J, Hreinsdóttir S, Clark K, et al. Complex multifault rupture during the 2016 Mw 7. 8

Kaikōura earthquake, New Zealand. Science, 2017, 356: 7194.

[34] Shi X, Wang Y, Liu-Zeng J, et al. How complex is the 2016 Mw 7.8 Kaikoura earthquake, South Island, New Zealand? Science Bulletin, 2017, 62: 309-311.

[35] Scheiber R, Moreira A. Coregistration of interferometric SAR images using spectral diversity. IEEE Transactions on Geoscience and Remote Sensing, 2000, 38: 2179-2191.

[36] Prats-Iraola P, Scheiber R, Marotti L, et al. TOPS Interferometry With TerraSAR-X. IEEE Transactions on Geoscience and Remote Sensing, 2012, 50: 3179-3188.

[37] Michel R, Avouac J P, Taboury J. Measuring ground displacements from SAR amplitude images: Application to the Landers Earthquake. Geophysical Research Letters, 1999, 26: 875-878.

[38] Vasile G, Trouve E, Lee J S, et al. Intensity-driven adaptive-neighborhood technique for polarimetric and interferometric SAR parameters estimation. IEEE Transactions on Geoscience and Remote Sensing, 2006, 44: 1609-1621.

[39] Song R, Guo H D, Liu G, et al. Improved Goldstein SAR Interferogram Filter Based on Adaptive-Neighborhood Technique. IEEE Geoscience and Remote Sensing Letters, 2015, 12: 140-144.

[40] Wang T, Jónsson S. Improved SAR Amplitude Image Offset Measurements for Deriving Three-Dimensional Coseismic Displacements. IEEE Journal of Selected Topics in Applied Earth Observations and Remote Sensing, 2015, 8: 3271-3278.

[41] He P, Wen Y, Xu C, et al. Complete three-dimensional near-field surface displacements from imaging geodesy techniques applied to the 2016 Kumamoto earthquake. Remote Sensing of Environment, 2019, 232: 111321.

[42] Scott C P, Arrowsmith R, Nissen E, et al. The M7 2016 Kumamoto, Japan, Earthquake: 3-D Deformation Along the Fault and Within the Damage Zone Constrained From Differential Lidar Topography. Journal of Geophysical Research: Solid Earth, 2018, 123: 6138-6155.

[43] Hofmann-Wellenhof B, Lichtenegger H, Collins J. Global Positioning System: Theory and Practice. Springer: Springer Science & Business Media, 2012.

[44] Hu C, Li Y, Dong X, et al. Three-Dimensional Deformation Retrieval in Geosynchronous SAR by Multiple-Aperture Interferometry Processing: Theory and Performance Analysis. IEEE Transactions on Geoscience and Remote Sensing, 2017, 55: 6150-6169.

第5章 基于先验信息约束的 InSAR 三维形变测量方法

5.1 引 言

第4章提出的融合多源 InSAR 数据的三维形变测量方法基于三个及以上成像几何差异明显的 InSAR 观测资料（如 D-InSAR、MAI 和 POT 获取的形变观测数据）可以获取高精度地表真三维形变结果[1-9]，进而为相关灾害评估和机理解译提供科学的数据支撑。但是，在现实情况下，许多研究对象的地表形变量级往往较小，使 MAI 和 POT 技术无法得到有效的方位向地表形变观测数据，仅能基于 D-InSAR 技术获取升降轨两个成像几何具有明显差异的 LOS 向形变观测值，难以通过第4章的多源数据融合方法实现三维地表形变测量。因此，在实际 InSAR 观测信息不足的情况下，则需要引入外部观测数据或者利用观测对象的先验信息来降低对 SAR 数据的苛刻要求，以实现三维形变测量。

GNSS 观测数据可获取研究区域中空间上离散的三维地表形变结果，与 InSAR 形变观测数据具有较好的互补性，因此，通过融合 GNSS 和 InSAR 数据，国内外相关学者成功获取了地震[10,11]、火山活动[12,13]、断层蠕动[14,15]、冰川运动[16]等引起的三维地表形变结果。此外，任何地质灾害引起的三维地表形变都蕴含着一定的动力学特征。例如，滑坡运动引起的地表形变往往与坡度坡向具有十分密切的关联性[17,18]，地下开采导致的垂直向形变梯度与水平向形变之间则一般满足比例关系[19,20]。因此，如何利用地质灾害的动力学特征建立三维地表形变之间的内部联系，从而为观测模型中的南北向形变估计提供可靠约束，是 InSAR 地质灾害三维形变测量研究的一种新思路。

无论是融合 GNSS 等外部观测数据，还是顾及地质灾害本身的动力学特征，其主要目的是提供三维地表形变测量的先验信息，弥补 InSAR 观测数据本身对三维地表形变（主要是南北向形变）不敏感的问题。鉴于此，本章将详细介绍目前常用的几种先验信息约束的 InSAR 三维形变测量方法，包括 GNSS 观测约束的 InSAR 三维形变测量、方向约束的 InSAR 三维形变测量、模型约束的 InSAR 三维形变测量。在此基础上，成功获取了南加利福尼亚州断层蠕动、甘肃舟曲泄流坡和青海涩北气田研究区的高精度三维形变结果。

5.2 GNSS 观测约束的 InSAR 三维形变测量

5.2.1 GNSS 观测约束的背景

GNSS 技术是目前最为常用的三维地表形变监测手段，特别是随着我国北斗卫星导航系统、美国 GPS、俄罗斯 GLONASS、欧盟 GALILEO 四大 GNSS 系统的建成和现代化改造，近年来又掀起了一股研究热潮。但受限于地面台站昂贵的建设和维护费用，GNSS 监测结果的空间分辨率无法与 InSAR 相提并论。对于可以同时获取 GNSS 和 InSAR 观测的研究区域，则可以充分结合两种技术在监测维度和空间分辨率上的互补优势。

基于这一思想，Gudmundsson 等[16]在 2002 年就提出融合 D-InSAR 和 GNSS 观测资料，通过模拟退火算法反演出冰岛雷恰内斯半岛地区的三维地表形变速率场。随后，众多学者在该领域展开了一系列研究[21-26]。为了能够解决 InSAR 和 GNSS 观测在空间分辨率上的巨大差异，现有研究一般都对 GNSS 观测进行空间插值处理，从而得到与

InSAR 空间分辨率相同的三维形变场。但很显然，仅靠 GNSS 插值得到的三维形变场无法反映出局部形变信息，而且插值的效果强烈依赖于 GNSS 台站的密度和分布。但是，该三维形变场可以看作真实三维地表形变的一种先验信息，将其与 InSAR 的 LOS 形变观测相融合，可以很好地解决 InSAR 三维形变估计函数模型中秩亏或病态问题，从而实现高精度、高空间分辨率的三维形变测量。

因此，基于 GNSS 观测约束的 InSAR 三维形变测量方法本质上就是第 4 章中所介绍的基于多源数据融合的方法，不同之处在于，融合多源数据时不局限于 InSAR 形变观测资料（即 D-InSAR、POT 和 MAI 测量值)，还包括 GNSS 三维形变观测资料。因此，第 4 章介绍的经典函数模型和随机模型需要进一步发展，从而可以兼容 InSAR 和 GNSS 观测值。

5.2.2 基于 GNSS 观测约束的 InSAR 三维形变测量方法

假设已获取研究区域的 n 幅 SAR 影像，构成 m 个干涉对。那么对于第 k 个干涉对中的某相干点 i 而言，假设点 i 发生匀速形变，则分别有

$$D_{\mathrm{los}}^{ki}=\begin{bmatrix}t_k\cdot C_{\mathrm{e}}^{ki} & t_k\cdot C_{\mathrm{n}}^{ki} & t_k\cdot C_{\mathrm{u}}^{ki}\end{bmatrix}\cdot\begin{bmatrix}v_{\mathrm{e}}^{i} & v_{\mathrm{n}}^{i} & v_{\mathrm{u}}^{i}\end{bmatrix}^{\mathrm{T}} \tag{5-1}$$

式中，v_{e}^{i}、v_{n}^{i} 和 v_{u}^{i} 分别是相干点 i 在东西向、南北向和垂直向上的形变速率；D_{los}^{ki} 和 D_{azi}^{ki} 分别是第 k 个干涉对上的相干点 i 上的 LOS 向和方位向的形变量；t_k 是第 k 个干涉对的时间间隔；C_{e}^{i}、C_{n}^{i} 和 C_{u}^{i} 分别是相干点 i 上东西向、南北向和垂直向在 LOS 方向上的投影矢量，并且

$$C_{\mathrm{e}}^{i}=-\sin\theta_{\mathrm{inc}}^{i}\sin(\alpha_{\mathrm{azi}}^{i}-3\pi/2)$$

$$C_{\mathrm{n}}^{i}=-\sin\theta_{\mathrm{inc}}^{i}\cos(\alpha_{\mathrm{azi}}^{i}-3\pi/2)$$

$$C_{\mathrm{u}}^{i}=\cos\theta_{\mathrm{inc}}^{i}$$

如果该地区有连续的 GNSS 运行监测站，则可以考虑利用 GNSS 测量结果获取三维形变。一般情况下将稀疏的 GNSS 三维形变测量的结果内插至 InSAR 结果的空间分辨率。虽然 GNSS 的时间分辨率非常高，但是研究中只选取 GNSS 与 InSAR 测量有相同时间间隔的形变测量结果，那么有

$$[G_e^{ki} \quad G_n^{ki} \quad G_u^{ki}]^T = t_k \cdot [v_e^i \quad v_n^i \quad v_u^i]^T \tag{5-2}$$

式中，G_e^i、G_n^i 和 G_u^i 分别代表 GNSS 测量值内插得到的相干点 i 在东西向、南北向和垂直向上的形变量。但是一般来说，GNSS 测量结果内插获取的三维形变仅仅能够反映地表形变的长波分量。

通过最小二乘模型，就可以融合内插的 GNSS 观测量和 InSAR 观测量来求解三维地表形变：

$$\boldsymbol{L} = \boldsymbol{BX} + \boldsymbol{V} \tag{5-3}$$

式中，$\underset{3\times1}{\boldsymbol{X}} = [v_e^i \quad v_n^i \quad v_u^i]^T$ 就是待求的三维形变速率；$\underset{4m\times1}{\boldsymbol{L}} = [D_{los}^{1i} \quad \cdots \quad D_{los}^{mi} \quad G_e^{1i} \quad \cdots \quad G_e^{mi} \quad G_n^{1i} \quad \cdots \quad G_n^{mi} \quad G_u^{1i} \quad \cdots \quad G_u^{mi}]^T$ 为 m 个 InSAR 测量值和 $3m$ 个 GNSS 内插值组成的观测量；$\boldsymbol{V}$ 为对应的观测残差；而 $\boldsymbol{B}$ 为设计矩阵

$$\underset{4m\times3}{\boldsymbol{B}} = \begin{bmatrix} t_1 \cdot C_e^{1i} & \cdots & t_m \cdot C_e^{mi} & t_1 & \cdots & t_m & 0 & \cdots & 0 & 0 & \cdots & 0 \\ t_1 \cdot C_n^{1i} & \cdots & t_m \cdot C_n^{mi} & 0 & \cdots & 0 & t_1 & \cdots & t_m & 0 & \cdots & 0 \\ t_1 \cdot C_u^{1i} & \cdots & t_m \cdot C_u^{mi} & 0 & \cdots & 0 & 0 & \cdots & 0 & t_1 & \cdots & t_m \end{bmatrix}^T$$

假设观测值的方差是已知的，那么利用最小二乘平差就能获取三维地表形变速率的最优估值：

$$\hat{X} = (\boldsymbol{B}^T\boldsymbol{PB})^{-1}\boldsymbol{B}^T\boldsymbol{PL} \tag{5-4}$$

式中，$\boldsymbol{P}$ 为各个观测量方差组成的权阵

$$\underset{4m\times4m}{\boldsymbol{P}} = \mathrm{diag}(1/\sigma_{D_{los}^{1i}}^2 \quad \cdots \quad 1/\sigma_{D_{los}^{mi}}^2 \quad 1/\sigma_{G_e^{1i}}^2 \quad \cdots \quad 1/\sigma_{G_e^{mi}}^2 \quad 1/\sigma_{G_n^{1i}}^2 \quad \cdots \quad 1/\sigma_{G_n^{mi}}^2 \quad 1/\sigma_{G_u^{1i}}^2 \quad \cdots \quad 1/\sigma_{G_u^{mi}}^2)$$

一般情况下，InSAR 和 GNSS 观测值的方差都难以精确地获取。同样，通过方差分量估计法对观测值的方差或权阵进行验后估计，可以解决这一难题[27,28]。此外，上述方法需要对 GNSS 观测进行空

间插值，这一过程往往会带来一定的插值误差，而且最小二乘估计是逐点计算，因此没有考虑不同点观测值之间的相关性。SISTEM 方法通过利用应力应变模型建立了周围点 GNSS 观测与待估点三维形变之间的关联，可以无需对 GNSS 观测进行空间插值，具体可参见文献［12］。

5.2.3 断层蠕动监测应用实例：美国南加利福尼亚州

GNSS 观测约束的 InSAR 三维形变测量方法将被应用于美国南加利福尼亚州地区获取的 InSAR 和 GNSS 数据中，以监测该地区 2003 ~ 2007 年的三维地表形变速率。以往的研究指出，美国南加利福尼亚州地区地表形变主要是由板块运动和人类活动引起的[29]。

本研究通过 ENVISAT 卫星获取到 18 景升轨和 16 景降轨数据（表 5-1和图 5-1），为尽量减少时空失相干噪声和地形残差的影响，研究中采用 MT-InSAR 方法处理升轨和降轨数据。其中，利用 30 m 分辨率的 SRTM 数据去除地形相位分量。为削弱失相干噪声的影响，干涉图进行了方位向 10 视、距离向 2 视的多视处理，并且利用基于最小二乘的滤波方法去除相位噪声。之后解算出该地区在升轨、降轨两个 LOS 向的地表形变时间序列，其中包含了季节性形变和累积形变。本书着重于研究年平均形变速率，因此要减少季节性形变对形变速率解算的干扰，将时间跨度接近整数年的相对形变从形变序列中提取出来。如表 5-2 所示，共选择了 9 个相对形变场用于三维形变速率解算，其中有 5 个升轨和 4 个降轨。

表 5-1 美国南加利福尼亚州研究中所用的 ENVISAT 卫星获取的 ASAR 数据的基本情况

轨道	轨道号	帧号	入射角/(°)	方位角/(°)	影像个数	时间跨度
升轨	2120	0675	22. 8	348	18	2003 年 10 月 29 日 ~2007 年 11 月 7 日
降轨	2170	2925	22. 3	192	16	2003 年 9 月 27 日 ~2007 年 10 月 6 日

表 5-2 用于三维形变解算的 9 个相对形变场

序号	轨道	起始时间	终止时间	时间跨度/年
1	升轨	2003 年 10 月 29 日	2006 年 10 月 18 日	2.973
2	升轨	2003 月 10 月 29 日	2007 年 11 月 7 日	4.027
3	升轨	2004 年 11 月 17 日	2006 年 11 月 22 日	2.014
4	升轨	2004 年 11 月 17 日	2007 年 11 月 7 日	2.973
5	升轨	2004 年 12 月 22 日	2006 年 12 月 27 日	2.014
6	降轨	2003 年 9 月 27 日	2005 年 10 月 1 日	2.014
7	降轨	2003 年 9 月 27 日	2007 年 10 月 7 日	4.027
8	降轨	2004 年 8 月 7 日	2007 年 7 月 28 日	2.973
9	降轨	2005 年 6 月 18 日	2007 年 6 月 23 日	2.014

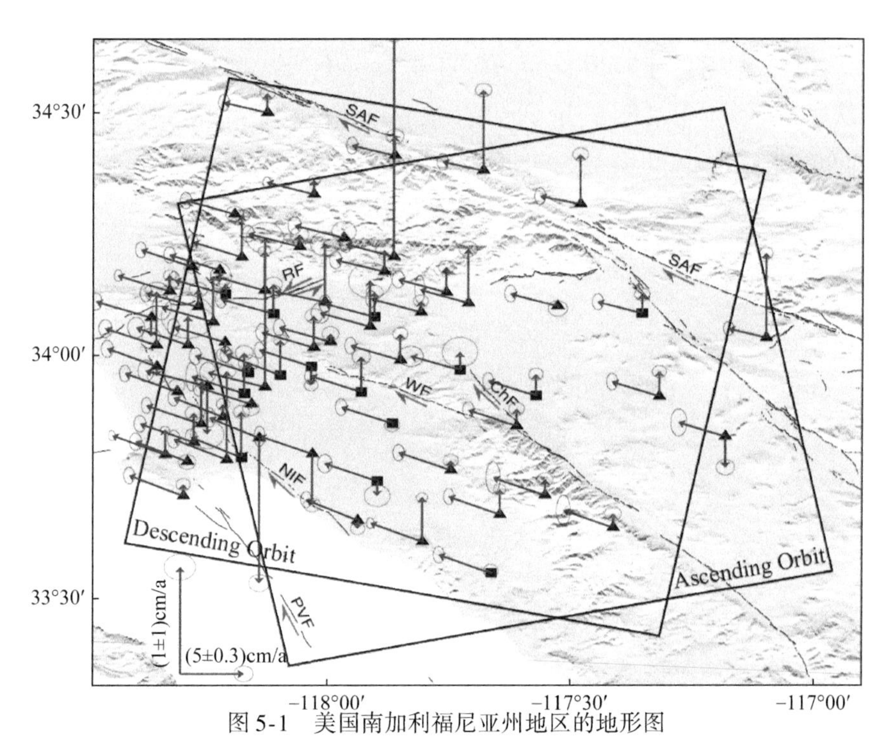

图 5-1 美国南加利福尼亚州地区的地形图

实线方框代表 ASAR 升轨（Ascending Orbit）和降轨（Descending Orbit）数据的覆盖范围。用于三维形变估计和结果验证的 GNSS 台站的位置分别如黑色三角形和方块所示。蓝色和红色的箭头则分别代表 GNSS 观测的水平形变和垂直形变。箭头上的椭圆则代表 GNSS 观测量的标准差。图中主要断层的板块运动方向根据文献［29］所画。其中 SAF、RF、ChF、WF、NIF 和 PVF 分别代表 San Andreas 断层、Raymond 断层、Chino 断层、Whittier 断层、Newport-Inglewood 断层和 Palos Verdes 断层本研究还利用美国南加利福尼亚州的 SCIGN 网提供的 54 个 GNSS 站点数据，获取了与 InSAR 观测量同步的三维形变监测结果。GNSS 台站的位置如图 5-1 中的黑色三角形所示。为了能够达到与 InSAR 观测量相同的空间分辨率，采用了普通克里金（Kriging）法对离散的 GNSS 观测量进行空间插值。值得注意的是，另外 15 个 GNSS 台站（位置如图 5-1 中的黑色方块所示）的数据将用于最后的结果精度验证。

图 5-2 展示的是美国南加利福尼亚州地区 9 个近整年段的 InSAR 相对形变场。从图 5-2 中探测出了显著的局部形变，主要在波莫纳（Pomona）和圣菲斯普林斯（Santa Fe Springs）这两个地区。图 5-3 展示的是其中两个时间跨度内（2004 年 11 月 17 日 ~2006 年 11 月 22 日和 2003 年 9 月 27 日 ~2007 年 10 月 6 日）GNSS 插值所得到三维形变场。从图 5-3 中可以明显地看到，水平分量以一致的、平滑的形变为主，而垂直分量则以局部突变形变为主。

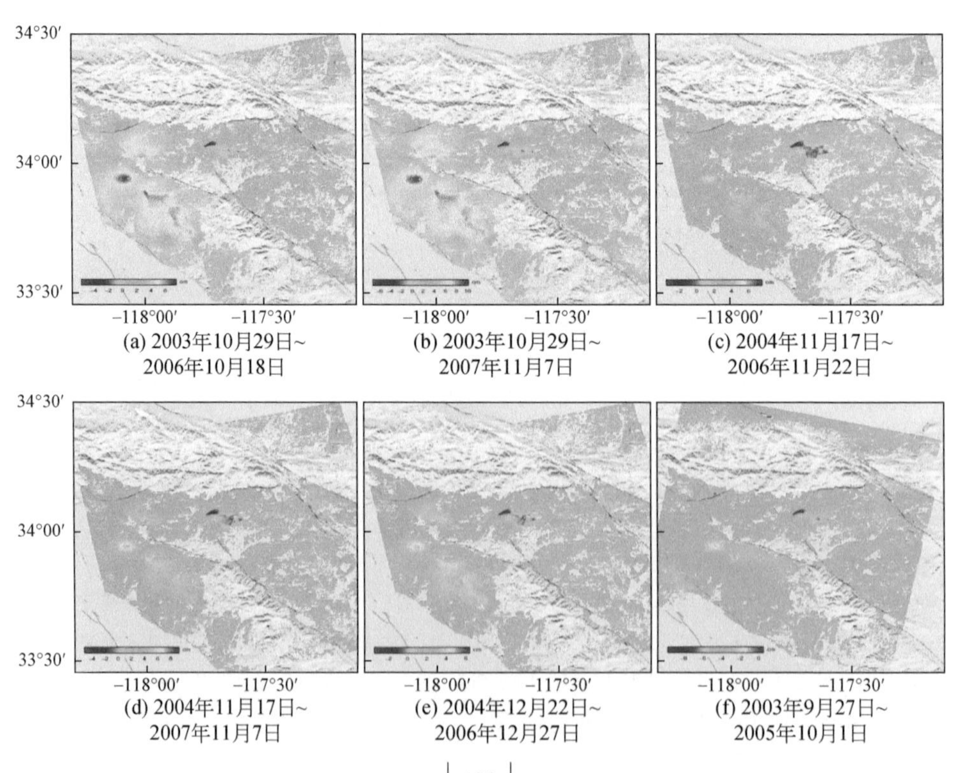

(a) 2003年10月29日~2006年10月18日
(b) 2003年10月29日~2007年11月7日
(c) 2004年11月17日~2006年11月22日
(d) 2004年11月17日~2007年11月7日
(e) 2004年12月22日~2006年12月27日
(f) 2003年9月27日~2005年10月1日

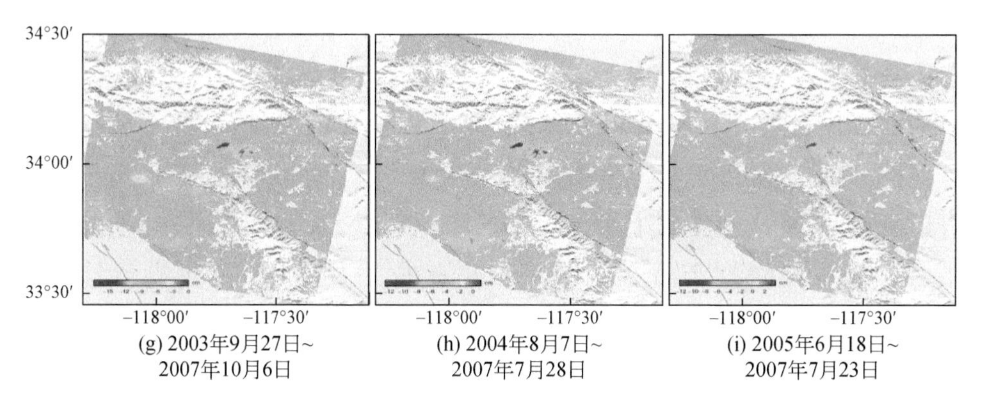

图 5-2　南加利福尼亚州研究中所用到的 9 个 InSAR 相对形变场

(a) ~ (e) 升轨结果；(f) ~ (i) 降轨结果

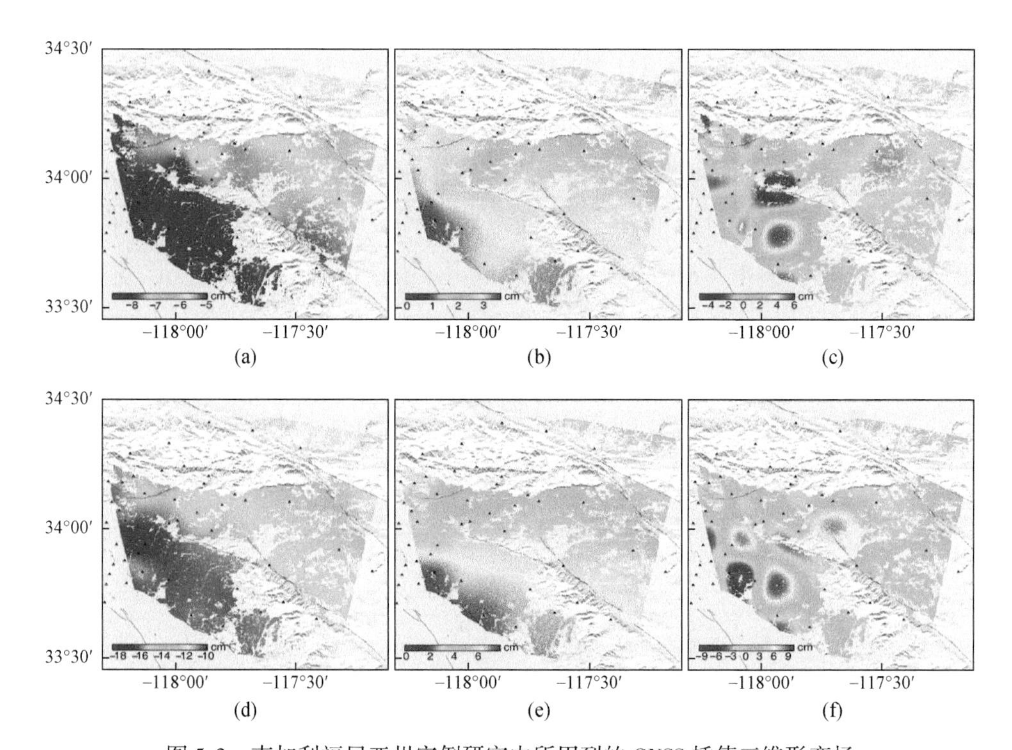

图 5-3　南加利福尼亚州实例研究中所用到的 GNSS 插值三维形变场

(a) ~ (c) 为时间跨度 2004 年 11 月 17 日 ~ 2006 年 11 月 22 日的结果，(d) ~ (f) 为时间跨度 2003 年 9 月 27 日 ~ 2007 年 10 月 6 日的结果。(a)、(d) 东西向；(b)、(e) 南北向；(c)、(f) 垂直向

5.2.4 实验结果分析

图 5-4 展示的是 GNSS 约束的 InSAR 获取南加利福尼亚州三维地表形变速率场。为了进行比较，InSAR 和 GNSS 观测值的权重分别采用后验权、先验权与等权。其中，后验权采用 VCE 方法进行迭代估计，先验权采用基于逐像素各态历经性假设的开窗估计。图 5-4（a）~（c）表示的是基于后验权获取的南加利福尼亚州的三维地表形变速率场。这里东西向的速率场［图 5-4（a）］表示该地区有一个明显的从东北向往西南向的加速趋势，最大速度达到 5 cm/a。南北向的速率场［图 5-4（b）］则与 GNSS 的插值结果［图 5-4（b）和图 5-3（e）］非常相似。这是因为 InSAR 技术的 LOS 向监测结果受限于 SAR 卫星的近南北向飞行轨道，对于南北向形变非常不敏感，因此南北向形变速率结果以 GNSS 插值结果为主。水平向上强烈的形变速率梯度表明南加利福尼亚州地区的地面形变在西北向上呈压缩趋势。而在垂直向形变速率场［图 5-4（c）］中，则发现几处明显的、局部的形变区域。首先，在波莫纳地区探测到了一处 2 ~ 3 cm/a 的地面沉降，这主要是由该地区抽取地下水所导致的[30]；其次，在圣菲斯普林斯地区发现了一处大小约为1 cm/a的地面抬升，这主要是由该地区油田开采时产生的膨胀效应造成的[30]。上述的局部形变和以往的研究结果都非常一致。

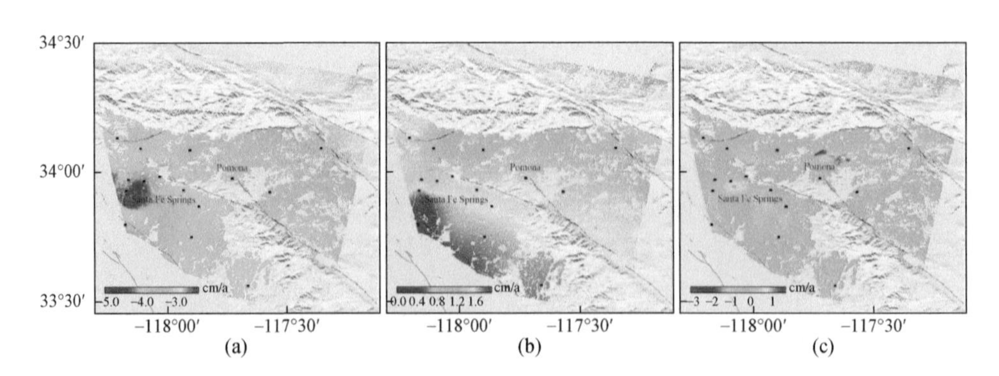

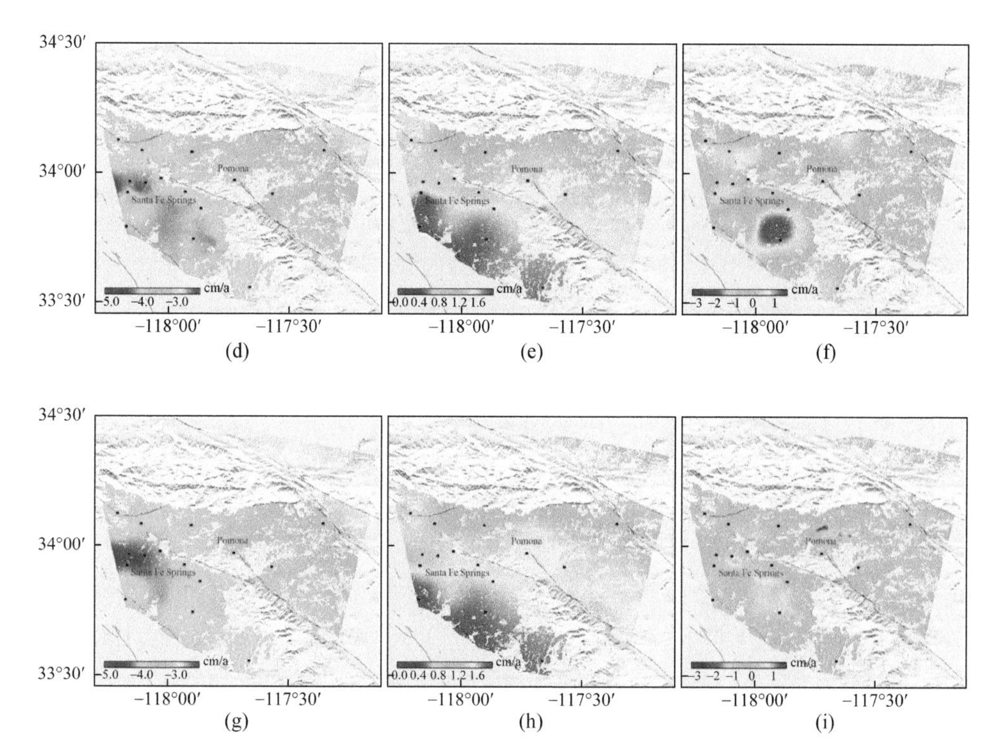

图 5-4 利用后验权（a）~（c）、等权（d）~（f）和先验权（g）~（i）得到的南加利福尼亚州三维地表形变速率。（a）、（d）、（g）东西向；（b）、（e）、（h）南北向；（c）、（f）、（i）垂直向

为便于比较研究，图 5-4（d）~（f）显示了利用等权得到的南加利福尼亚州三维地表形变速率场。然而该方法没有顾及观测值权阵的结果明显有较大的不连续性，特别是对垂直向的分量而言。波莫纳地区的局部沉降被平滑和低估，而圣菲斯普林斯地区的形变却被一些未知的地表沉降和抬升掩盖。图 5-4（g）~（i）显示的是利用先验权得到的南加利福尼亚州三维地表形变速率场。从图中可以看出，该结果与后验权得到的三维形变速率结果非常相似。但是，在波莫纳地区，先验权的结果仍然对地表沉降有一些低估，并且发现这些低估的量被错误地分配到南北向结果中［图 5-4（h）］。这种现象应该是由不精确的 InSAR 和 GNSS 观测值先验方差（或权值）引起的。

表 5-3 不同方法解算的三维形变速率的 RMSE （单位：mm/a）

方法	RMSE		
	东西向	南北向	垂直向
等权	0.9	1.8	5.4
先验权	1.0	2.0	2.0
后验权	0.8	1.6	1.9

表 5-3 给出了等权、先验权和后验权解算的三维形变速率与 15 个 GNSS 验证站（位置如图 5-1 和图 5-3 中的黑色方块所示）观测的三维形变结果的定量分析结果。可以看出，后验权的结果在所有三个方向上的精度都比等权和先验权的结果要好。最大的精度改善发生在垂直向上，利用 VCE 计算后验权之后，RMSE 由 5.4 mm 减少到了 1.9 mm。先验权的结果在东西向、南北向和垂直向上的 RMSE 分别为 1.0 mm、2.0 mm 和 2.0 mm，而后验权结果的 RMSE 则分别降到 0.8 mm、1.6 mm 和 1.9 mm，三个方向上的改善程度分别为 20%、20% 和 5%。这是因为在真实数据实验中，InSAR 和 GNSS 的先验方差（或权值）是很难精确得到的，因此采用基于逐像素各态历经性假设的开窗估计先验权不够精确。而 VCE 方法可以通过迭代运算，能够更精确地确定 InSAR 和 GNSS 观测值的权重。

5.3 方向约束的 InSAR 三维形变测量

5.3.1 方向约束的背景

如前文所述，为了可以通过 InSAR 技术获取地表真实的三维形变信息，一般需要三个及以上成像几何差异较大的 InSAR 观测值[31]。对于地震[2,3,32]、火山[33,34]及快速的冰川漂移[35-37]等大量级形变场可以结合 D-InSAR、POT 和 MAI 技术的观测获取满足需求的测量结果。然而面对滑坡蠕动、缓慢的冰川消融等较小的形变场景，则难以通过 POT 和 MAI 技术获取有效的方位向形变观测数据，进而无法获取准确可靠的三维形变监测结果。

然而，在现实世界中，大多数形变的发生往往只受地球重力的影响，而类似滑坡体和冰川等在受到重力的影响后，其通常会沿着地表平行方向运动。根据“平行位移假设”这一特征，只要利用地表的坡度信息，再通过两个成像几何差异较大的 InSAR 测量结果就可以获取地表的三维形变场。基于这一思想，Joughin 等[38]于 1998 年提出了利用 DEM 信息并结合不同轨道的 InSAR 观测获取三维形变场，该方法利用地形坡度构建了垂直向形变与水平向形变之间的关联，恢复了格陵兰岛赖德冰川的三维流速场。随后，2006 年 Colesanti 和 Wasowski[39]基于 PS 点获取的 LOS 向观测值，得到了滑坡沿坡向形变，通过与实地测量的结果相比较，验证了该方法的可靠性。然而，Colesanti 和 Wasowski 也指出，InSAR 获取的滑坡沿坡度的监测结果的准确性还与滑坡的坡向有关，当坡向与 InSAR 观测的 LOS 向平行时，可以获取最佳的沿坡向运动结果。

基于“平行位移假设”的方向约束法相比于其他利用多个方向观测量获取三维形变的方法而言，其只需要利用两个不同方向的 InSAR 观测即可恢复出滑坡的三维形变场，降低了三维形变监测对数据的苛刻条件，是一种可以在滑坡[17,18]或者冰川漂移[40]等形变监测场景上广泛应用的 InSAR 三维形变测量手段。

5.3.2 基于滑坡方向约束的 InSAR 三维形变测量模型

如图 5-5 所示，当地表的运动满足“平行位移假设”时，我们就可以利用方向约束的方法获取 InSAR 三维形变监测结果。设运动的速率为 v，SAR 数据观测期间内，共获取了 n 景 SAR 影像，并组成了 m 个干涉对，而对其中的第 k 个干涉对而言，其得到的 LOS 向形变可以

写成

$$D_{\text{los}}^{k}=t_{k}C_{\text{e}}^{k}\cdot v_{\text{e}}+t_{k}C_{\text{n}}^{k}\cdot v_{\text{n}}+t_{k}C_{\text{u}}^{k}\cdot v_{\text{u}} \tag{5-5}$$

式中，v_{e}、v_{n} 和 v_{u} 分别是观测目标在东西向、南北向和垂直向上的形变速率；第 k 个干涉对的时间间隔则为 t_k；东西向、南北向和垂直向在视线向上的投影矢量则以 C_{e}^{i}、C_{n}^{i} 和 C_{u}^{i} 表示。

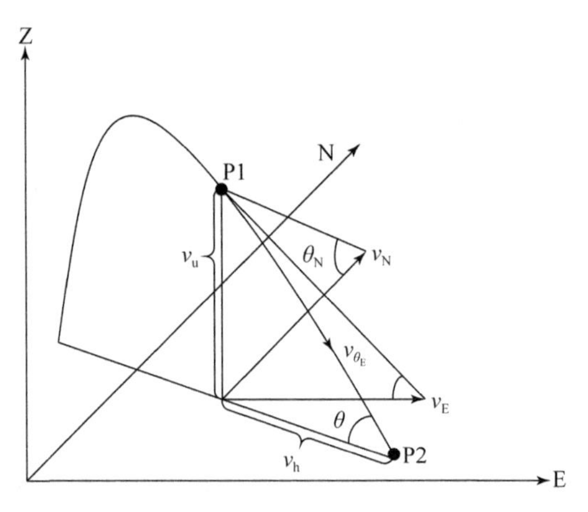

图 5-5　地表平行位移示意

由图 5-5 可以看出，当运动目标由 P1 运动至 P2 时，其垂直形变速率和水平形变速率是下坡运动的垂直分量 v_{u} 和水平分量 v_{h}，且两者之间的比例与坡度 θ 满足如下关系：

$$\frac{v_{\text{u}}}{v_{\text{h}}}=\theta \tag{5-6}$$

对于坡度 θ，为了构建起与三维形变间的关系，也将其分为两个部分，即在东西向上的坡度 θ_{E} 和在南北向上的坡度 θ_{N}，并满足如下关系：

$$\theta=\sqrt{\theta_{\text{E}}^{2}+\theta_{\text{N}}^{2}} \tag{5-7}$$

东西向和南北向上的坡度则可以通过外部 DEM 进行获取，以图 5-6 为例，假设某点的坐标是（i，j），对应的 SAR 数据在东西向和南北向上的分辨率为 R_x 和 R_y，则东西向和南北向的坡度可以通过一个 3 像素

×3 像素尺寸的矩形窗口进行估计，进而可以表示为

$$\theta_{\mathrm{E}}=\frac{\mathrm{hgt}(i,j+1)-\mathrm{hgt}(i,j-1)}{2R_x},\theta_{\mathrm{N}}=\frac{\mathrm{hgt}(i+1,j)-\mathrm{hgt}(i-1,j)}{2R_y} \tag{5-8}$$

式中，hgt 是矩形窗口内各像素点上的高程值。

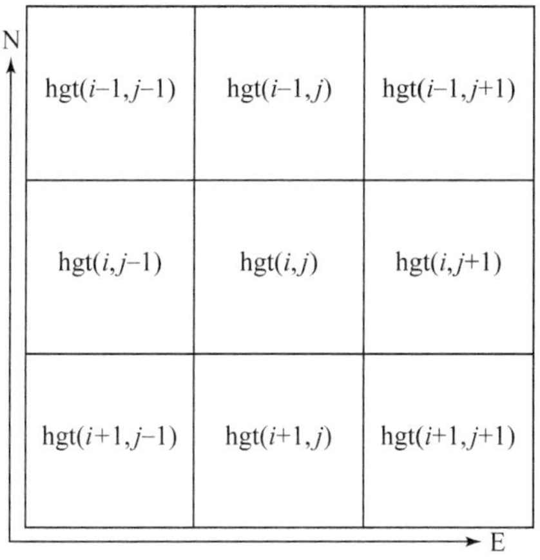

N

hgt(i–1, j–1)	hgt(i–1, j)	hgt(i–1, j+1)
hgt(i, j–1)	hgt(i, j)	hgt(i, j+1)
hgt(i+1, j–1)	hgt(i+1, j)	hgt(i+1, j+1)

E

图 5-6　坡度计算窗口

而水平向形变 v_{h} 与东西向形变 v_{e} 和南北向形变 v_{n} 之间一般满足关系：

$$v_{\mathrm{h}}=\sqrt{v_{\mathrm{e}}^2+v_{\mathrm{n}}^2} \tag{5-9}$$

将式（5-9）和式（5-7）代入式（5-6）中，则有

$$\begin{aligned} v_{\mathrm{u}} &=\sqrt{(\theta_{\mathrm{E}}^2+\theta_{\mathrm{N}}^2)\cdot(v_{\mathrm{e}}^2+v_{\mathrm{n}}^2)} \\ &=\sqrt{\theta_{\mathrm{E}}^2\cdot v_{\mathrm{e}}^2+\theta_{\mathrm{E}}^2\cdot v_{\mathrm{n}}^2+\theta_{\mathrm{N}}^2\cdot v_{\mathrm{e}}^2+\theta_{\mathrm{N}}^2\cdot v_{\mathrm{n}}^2} \end{aligned} \tag{5-10}$$

由于东西向和南北向相互正交，因而 $\theta_{\mathrm{E}}^2\cdot v_{\mathrm{n}}^2$ 和 $\theta_{\mathrm{N}}^2\cdot v_{\mathrm{e}}^2$ 两项均为零，则式（5-10）可以进一步写成

$$\begin{aligned} v_{\mathrm{u}} &=\sqrt{\theta_{\mathrm{E}}^2\cdot v_{\mathrm{e}}^2+\theta_{\mathrm{N}}^2\cdot v_{\mathrm{n}}^2} \\ &=\sqrt{\theta_{\mathrm{E}}^2\cdot v_{\mathrm{e}}^2+2\cdot\theta_{\mathrm{E}}\cdot v_{\mathrm{n}}\cdot\theta_{\mathrm{N}}\cdot v_{\mathrm{e}}+\theta_{\mathrm{N}}^2\cdot v_{\mathrm{n}}^2} \\ &=\theta_{\mathrm{E}}\cdot v_{\mathrm{e}}+\theta_{\mathrm{N}}\cdot v_{\mathrm{n}} \end{aligned} \tag{5-11}$$

将式（5-11）代入式（5-5）中，则有

$$D_{\mathrm{los}}^{k}=t_{k}(C_{\mathrm{e}}^{k}+\theta_{\mathrm{E}}\cdot C_{\mathrm{u}}^{k})\cdot v_{\mathrm{e}}+t_{k}(C_{\mathrm{n}}^{k}+\theta_{\mathrm{N}}\cdot C_{\mathrm{u}}^{k})\cdot v_{\mathrm{n}} \tag{5-12}$$

由此可见，当引入地形的坡度信息后，待求的未知参数由三个缩减为两个，仅需计算水平向上的形变速率 v_{e} 和 v_{n} 即可获取三维形变场信息。因此，当 m 个干涉对同时包含升轨和降轨信息时，即可组成观测方程：

$$\boldsymbol{L}=\boldsymbol{B}\boldsymbol{X}+\boldsymbol{V} \tag{5-13}$$

式中，$\boldsymbol{L}=[D_{\mathrm{los}}^{\mathrm{as},1}\quad\cdots\quad D_{\mathrm{los}}^{\mathrm{as},m1}\quad D_{\mathrm{los}}^{\mathrm{des},1}\quad\cdots\quad D_{\mathrm{los}}^{\mathrm{des},m2}]^{\mathrm{T}}$ 是升轨和降轨的 LOS 向观测值；$\boldsymbol{V}$ 是对应的观测误差；$\boldsymbol{B}$ 是观测方程的系数矩阵，其可以被表示为

$$\boldsymbol{B}=\begin{bmatrix} t_{1}^{\mathrm{as}}(C_{\mathrm{e}}^{\mathrm{as},1}+\theta_{\mathrm{E}}\cdot C_{\mathrm{u}}^{\mathrm{as},1}) & t_{1}^{\mathrm{as}}(C_{\mathrm{n}}^{\mathrm{as},1}+\theta_{\mathrm{N}}\cdot C_{\mathrm{u}}^{\mathrm{as},1}) \\ \vdots & \vdots \\ t_{m1}^{\mathrm{as}}(C_{\mathrm{e}}^{\mathrm{as},m1}+\theta_{\mathrm{E}}\cdot C_{\mathrm{u}}^{\mathrm{as},m1}) & t_{m1}^{\mathrm{as}}(C_{\mathrm{n}}^{\mathrm{as},m1}+\theta_{\mathrm{N}}\cdot C_{\mathrm{u}}^{\mathrm{as},m1}) \\ t_{1}^{\mathrm{des}}(C_{\mathrm{e}}^{\mathrm{des},1}+\theta_{\mathrm{E}}\cdot C_{\mathrm{u}}^{\mathrm{des},1}) & t_{1}^{\mathrm{des}}(C_{\mathrm{n}}^{\mathrm{des},1}+\theta_{\mathrm{N}}\cdot C_{\mathrm{u}}^{\mathrm{des},1}) \\ \vdots & \vdots \\ t_{m2}^{\mathrm{des}}(C_{\mathrm{e}}^{\mathrm{des},m2}+\theta_{\mathrm{E}}\cdot C_{\mathrm{u}}^{\mathrm{des},m2}) & t_{m2}^{\mathrm{des}}(C_{\mathrm{n}}^{\mathrm{des},m2}+\theta_{\mathrm{N}}\cdot C_{\mathrm{u}}^{\mathrm{des},m2}) \end{bmatrix} \tag{5-14}$$

利用 WLS 方法就可以解算出东西向和南北向的形变速率结果，由东西向和南北向的形变，再通过式（5-11）即可恢复出完整的三维形变场。不过在实际当中，利用该方法计算三维形变往往用的是高精度的 D-InSAR 观测值，因此不同观测值之间的权重差别并不显著，可以采用等权最小二乘进行解算。

此外，倘若在方位向上可以获取理想的监测结果，那么只需要一个轨道的数据就可实现三维形变估计。在这种情况下，观测量则由 LOS 向和方位向形变观测构成，即 $\boldsymbol{L}=[D_{\mathrm{los}}^{1}\quad\cdots\quad D_{\mathrm{los}}^{m}\quad D_{\mathrm{azi}}^{1}\quad\cdots\quad D_{\mathrm{azi}}^{m}]^{\mathrm{T}}$，而对应的系数矩阵 $\boldsymbol{B}$ 则需写为

$$B=\begin{bmatrix} t_1(C_e^1+\theta_E\cdot C_u^1) & t_1(C_n^1+\theta_N\cdot C_u^1) \\ \vdots & \vdots \\ t_m(C_e^m+\theta_E\cdot C_u^m) & t_m(C_n^m+\theta_N\cdot C_u^m) \\ t_1 S_e^1 & t_1 S_n^1 \\ \vdots & \vdots \\ t_m S_e^m & t_m S_n^m \end{bmatrix} \tag{5-15}$$

式中，S_e 与 S_n 是东西向和南北向在方位向上的投影适量。由式（5-15）可以发现，InSAR 方位向形变监测结果只由东西向和南北向形变贡献而来，与垂直向形变无关，因此在此项中无须引入坡度信息用于辅助建立观测方程。当东西向和南北向形变解算出来后，可由式（5-11）再恢复出三维形变场。

另外，从图 5-5 可以看出，若观测目标的运动方向也可以获取时，利用单一轨道的 LOS 向观测也可以求解出地表平行位移的三维速率，而对于类似滑坡和冰川漂移等只靠自身重力运动的观测目标而言，其运动方向可以假设为坡向，而坡向信息同时可以通过 DEM 进行计算。然而，由于 DEM 自身误差的影响，以及地表复杂的局部特征，该假设并不完全成立。而且，一维的 LOS 向观测仅对水平运动中的一个分量敏感，当观测目标的运动方向与 LOS 向垂直或者接近垂直时，将很难获取可靠的三维形变速率结果。因此，在条件允许的情况下，利用不同方向的观测进行三维形变解算更为可靠。

5.3.3 滑坡监测应用实例：甘肃舟曲泄流坡

2010 年 8 月 8 日，甘肃舟曲北部后山遭遇了由突发暴雨诱发的三眼峪和罗家峪沟谷特大巨型滑坡泥石流灾害[41]。当地巨大的海拔落差导致释放的大量泥沙和石砾伴随强降雨形成的洪水以极快的速度冲毁县城，并冲进白龙江形成堰塞湖，洪水淹没大部分县城，给当地群众的生命财产安全和国家造成巨大的损失与灾难[42]。舟曲研究区具有典型的山区特征，地形陡峭、植被覆盖茂密、岩层风化严重且构造活动活跃，常年经受滑坡、崩塌、泥石流及其他地质灾害的严重影响，给当地带来了极大的危害。因此对该区不稳定山体(可能导致滑坡、崩塌等)进行地表形变的精确监测对于灾害评估以及预防后续地质灾害的发生具有极其重要的作用[43]。图 5-7 给出了研究区域的具体位置。

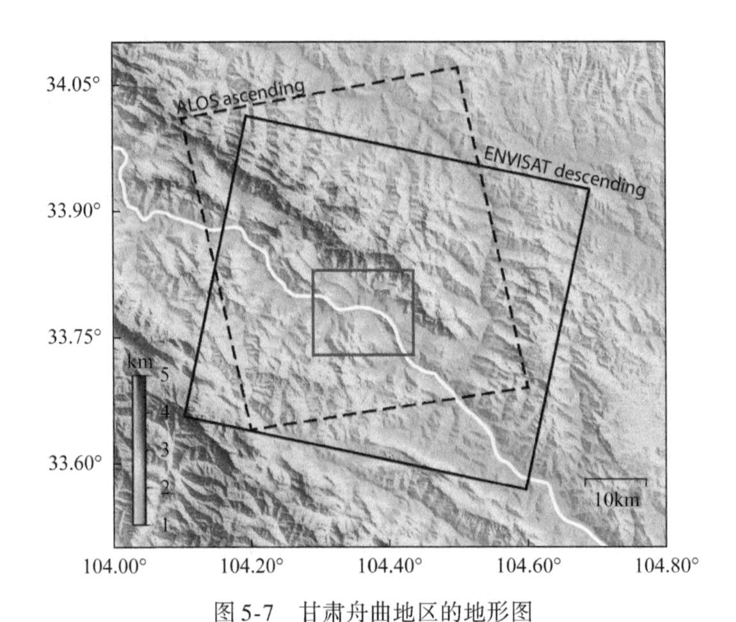

图 5-7　甘肃舟曲地区的地形图

红色矩形代表研究区域；白色实线代表白龙江的大致位置。黑色实框和虚框分别代表研究中使用的 ALOS/PALSAR 和 ENVISAT/ASAR 影像的覆盖范围

为了获取该地区的三维形变结果，我们基于“平行位移假设”约束的 InSAR 三维形变测量方法，利用 16 景升轨的 ALOS/PALSAR 和 26 景降轨的 ENVISAT/ASAR 数据展开舟曲泄流坡的三维形变监测。数据的覆盖情况如图 5-7 所示。16 景 ALOS/PALSAR 数据的时间跨度为 2007 年 1 月 ~2010 年 6 月，轨道号 472，帧号 660，我们使用 ASTER GDEM 对干涉相位中的地形相位进行去除，由于 ALOS 属于 L 波段的 SAR 数据，可以有效减少空间失相干噪声和时间失相干噪声的影响，综合考虑试验区数据的相干性后，我们以 1400 m 作为空间基线阈值，600

天作为时间基线阈值构建干涉对。表 5-4 给出了干涉对信息，图 5-8 为对应的小基线集网络。

表 5-4　本实验使用的 ALOS/PALSAR 干涉对信息

编号	主影像	辅影像	垂直基线/m	时间基线/天
1	2007 年 1 月 28 日	2008 年 6 月 17 日	196. 6	506
2	2007 年 9 月 15 日	2007 年 12 月 16 日	655. 5	92
3	2007 年 12 月 16 日	2008 年 1 月 31 日	435	46
4	2008 年 1 月 31 日	2008 年 5 月 2 日	737. 2	92
5	2008 年 6 月 17 日	2009 年 2 月 2 日	-542	230
6	2008 年 6 月 17 日	2009 年 6 月 20 日	255. 7	368
7	2008 年 6 月 17 日	2009 年 8 月 5 日	-219. 4	414
8	2008 年 6 月 17 日	2009 年 9 月 20 日	376. 4	460
9	2008 年 9 月 17 日	2008 年 12 月 18 日	345. 5	92
10	2008 年 12 月 18 日	2009 年 2 月 2 日	534. 5	46
11	2009 年 2 月 2 日	2009 年 8 月 5 日	322. 6	184
12	2009 年 6 月 20 日	2009 年 8 月 5 日	-475. 1	46
13	2009 年 6 月 20 日	2009 年 9 月 20 日	120. 7	92
14	2009 年 8 月 5 日	2009 年 9 月 20 日	595. 8	46
15	2009 年 9 月 20 日	2009 年 12 月 21 日	-648. 3	92
16	2009 年 12 月 21 日	2010 年 2 月 5 日	523. 2	46
17	2010 年 2 月 5 日	2010 年 5 月 8 日	456. 1	92
18	2010 年 2 月 5 日	2010 年 6 月 23 日	367. 9	138
19	2010 年 5 月 8 日	2010 年 6 月 23 日	-88. 2	46

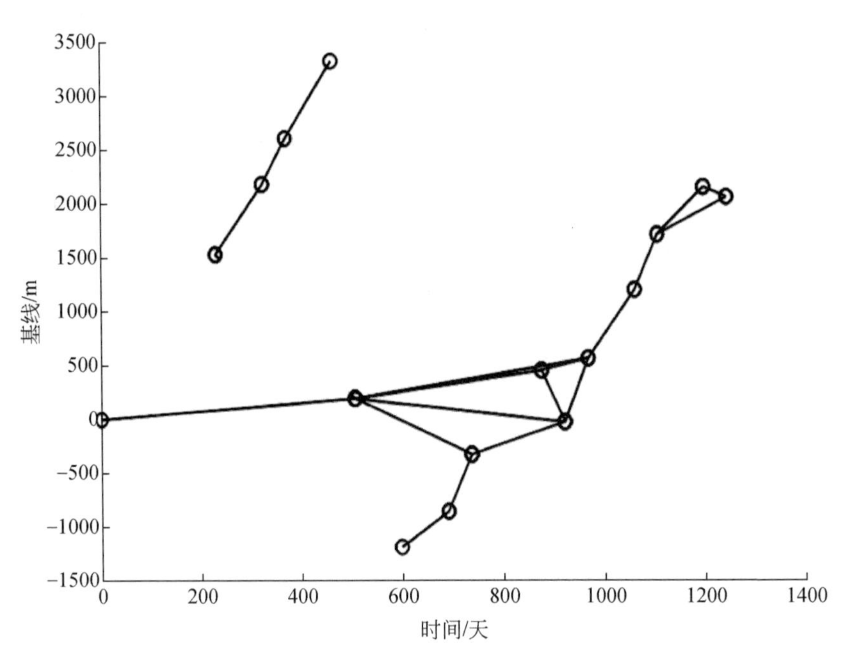

图 5-8　生成干涉图的时空基线信息

圆圈代表每一个 SAR 影像；实线代表表 5-4 中列出的小基线干涉图

对于 ENVISAT/ASAR 数据，由于该数据为 C 波段数据，对时空失相干较为敏感，我们设置了 70 天的时间基线以及 70 m 的空间基线阈值，最终由 18 景 SAR 影像，生成 13 景段基线干涉结果。具体的数据信息见表 5-5。图 5-9 给出了构成的基线集信息，可以发现，该基线集由不同的小基线集构成。

表 5-5　本实验使用的 EVNISAT/ASAR 干涉对信息

编号	主影像	辅影像	垂直基线/m	时间基线/天
1	2007 年 12 月 24 日	2008 年 3 月 3 日	32.7	70
2	2008 年 6 月 16 日	2008 年 7 月 21 日	29.0	35
3	2008 年 6 月 16 日	2008 年 8 月 25 日	−28.7	70
4	2008 年 7 月 21 日	2008 年 8 月 25 日	−55.6	35
5	2008 年 8 月 25 日	2008 年 11 月 3 日	−31.9	70

续表

编号	主影像	辅影像	垂直基线/m	时间基线/天
6	2008 年 9 月 29 日	2008 年 12 月 8 日	-3.3	70
7	2008 年 11 月 3 日	2009 年 1 月 12 日	3.7	70
8	2009 年 1 月 12 日	2009 年 2 月 16 日	-16.1	35
9	2009 年 2 月 16 日	2009 年 4 月 27 日	-64.7	70
10	2009 年 4 月 27 日	2009 年 7 月 6 日	-15.6	70
11	2009 年 10 月 19 日	2009 年 12 月 18 日	1.0	70
12	2009 年 11 月 23 日	2010 年 2 月 1 日	65.1	70
13	2010 年 4 月 12 日	2010 年 5 月 17 日	13.4	35

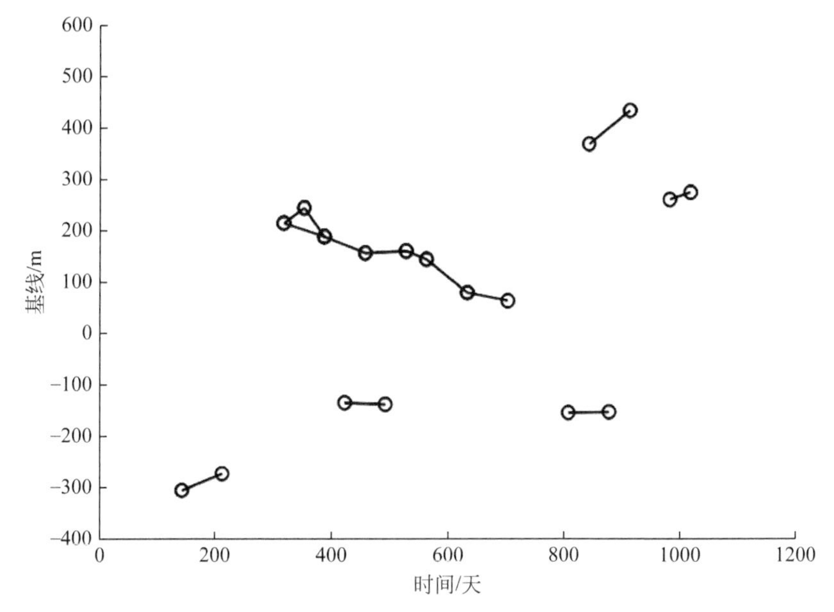

图 5-9　所用 13 景 ASAR 干涉图的时空基线

圆圈和实线分别代表 SAR 影像和干涉图

为了便于融合不同轨道数据的形变结果，本研究将利用 TCP-InSAR 技术分别处理 ALOS/PALSAR 和 ENVISAT/ASAR 数据。其中升轨 PALSAR 数据和降轨 ASAR 数据分别采取 6∶14 和 2∶10 的多视处理，从而使得两者的分辨率都在40 m左右。

如图 5-10 所示，分别是利用 TCP-InSAR 技术处理的 ALOS/PALSAR 和 ENVISAT/SAR 数据的 LOS 向形变速率结果。从图 5-10 中可以明显发现，ASAR 数据结果的密度要明显低于 PALSAR 数据。这主要是由以下几个原因引起的：①降轨的 ASAR 数据受到几何畸变影响的程度和范围都要比升轨的 PALSAR 数据更为严重；②C 波段 ASAR

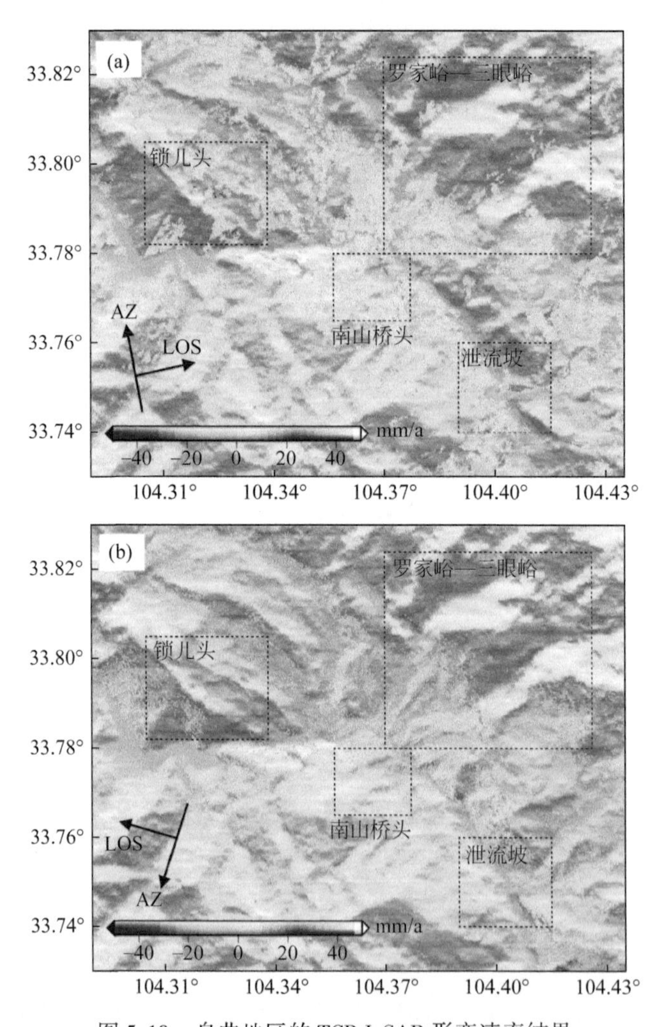

图 5-10　舟曲地区的 TCP-InSAR 形变速率结果

（a）ALOS/PALSAR 升轨数据；（b）ENVISAT/ASAR 降轨数据

数据对时空失相干更为敏感，因此在植被茂密和地形起伏明显的地区难以选到足够的 TCP 点；③C 波段 ASAR 数据对形变和地形残差也更加敏感，因此会有比较多的弧段包含相位模糊度，TCP-InSAR 中的粗差探测方法在去除含有相位模糊度的弧段时，不可避免地会删除掉一些孤立的 TCP 点。图 5-10 中的虚线框标注的是舟曲地区的四个历史滑坡体的位置，即罗家峪—三眼峪、锁儿头、南山桥头和泄流坡。可惜的是，由于几何畸变和时空失相干的影响，ENVISAT/ASAR 数据的结果在这四个区域并没有获得足够多的 TCP 点。但是在泄流坡区域（即白龙江的左岸）的两个轨道数据结果中均发现一个显著的形变现象，平均速率达到了 20 mm/a。

图 5-11 展示的分别是 PALSAR 和 ASAR 数据获取的泄流坡的 LOS 向形变速率结果。很明显，PALSAR 结果探测出白龙江两岸均有一个滑坡体，而 ASAR 结果只在白龙江东岸的泄流坡探测出一个滑坡体。在泄流坡区域，由于两套数据一个是升轨，一个是降轨，PALSAR 和 ASAR 数据的 LOS 向形变速率结果是相反的。

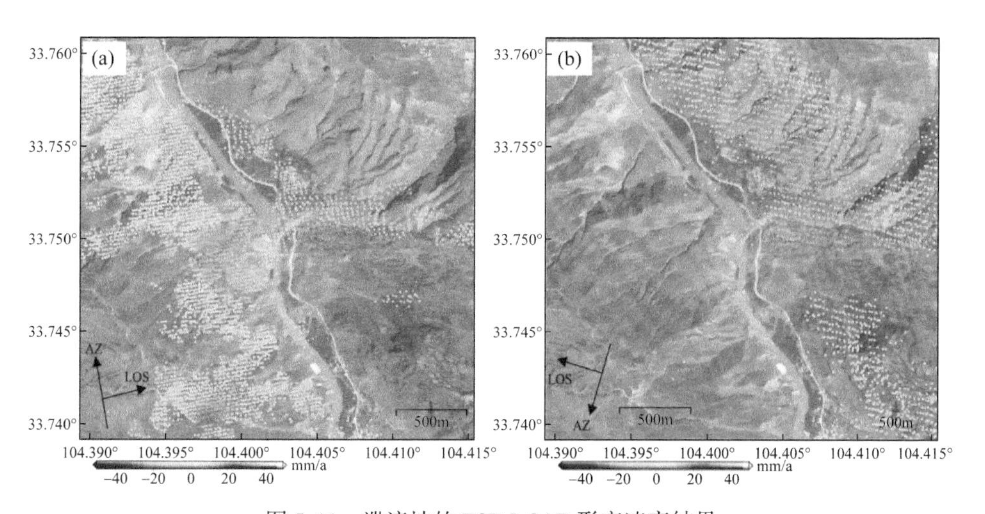

图 5-11 泄流坡的 TCP-InSAR 形变速率结果

（a）ALOS/PALSAR 升轨数据；（b）ENVISAT/ASAR 降轨数据

5.3.4 实验结果分析

本研究可以同时获得泄流坡地区的升轨和降轨 InSAR 的 LOS 向形变速率结果，因此利用式（5-9）来重建该滑坡的真实三维形变。但是由于升轨 PALSAR 和降轨 ASAR 数据的 TCP 点位置不一定会完全吻合，在对它们进行数据融合之前，我们需要将两者的 TCP 点都重采样到统一的格网中。融合结果如图 5-12 所示，其中颜色和箭头分别代表垂直向和水平向滑坡形变。可以看出，泄流坡的滑坡基本以向西的下坡运动为主，其中最大的水平向和垂直向形变速率分别达到了 55 mm/a 和 16 mm/a。

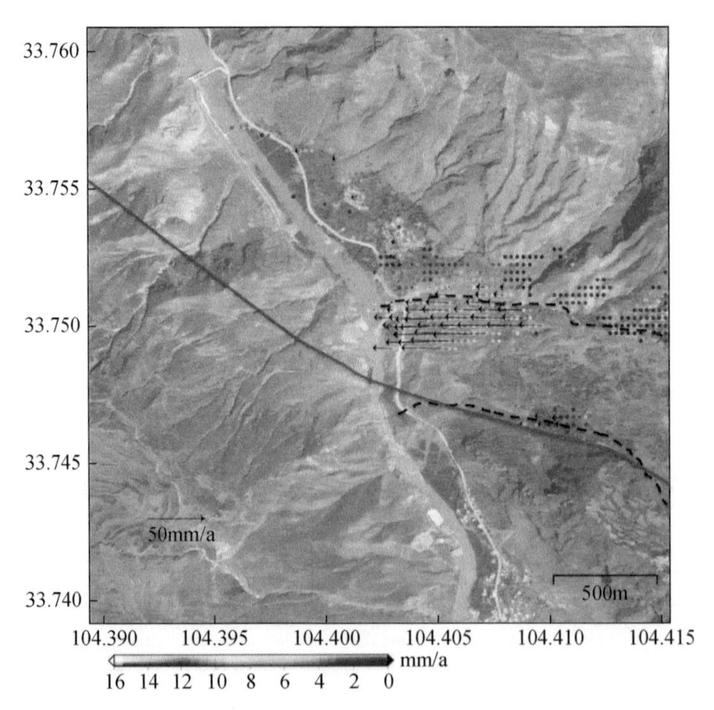

图 5-12 泄流坡的三维形变速率结果

其中颜色和箭头分别代表垂直向和水平向形变矢量

为了能够更加清楚地表达该滑坡的蠕动情况，我们将滑坡的三维形变速率换算为坡向形变速率，并将其展示在谷歌地球上。如图 5-13 所示，泄流坡的后端较为稳定，没有发生明显的变形，而较为明显的滑坡行为主要集中在泄流坡的前端，最大速率超过了 50 mm/a。为了进一步分析该滑坡行为，我们选取了 *AA′*点之间的形变和高程进行比对研究，结果如图 5-14 所示，其中蓝点和绿线分别代表形变速率和高程值。很明显，*AA′*点之间高程差在 450 m 左右，坡度较为平缓，在距离白龙江 800 ~ 1000 m 处，滑坡蠕动开始出现，并且呈现一个加速的现象，在距离白龙江约 600 m 处达到顶峰，随后开始持续减速。结合当地资料确认，泄流坡的前缘刚好被省道 S313 从中贯穿，该公路是舟曲使用率最高的道路，因此路面清理频繁，泄流坡的前缘靠近公路部分被逐渐掏蚀，增加了坡面失稳的威胁，有加速变形的趋势，这与我们观测到的形变结果是一致的。但较为可惜的是，我们只在泄流坡的北半边获取了有用形变测量结果。从光学影像中可以看出，泄流坡的南半边应该也是一个主要的滑坡发生区，但是升轨 ALOS/PALSAR 数

图 5-13　泄流坡地区的滑坡真实形变速率结果

底图为谷歌地图影像，红色箭头代表滑坡蠕动方向

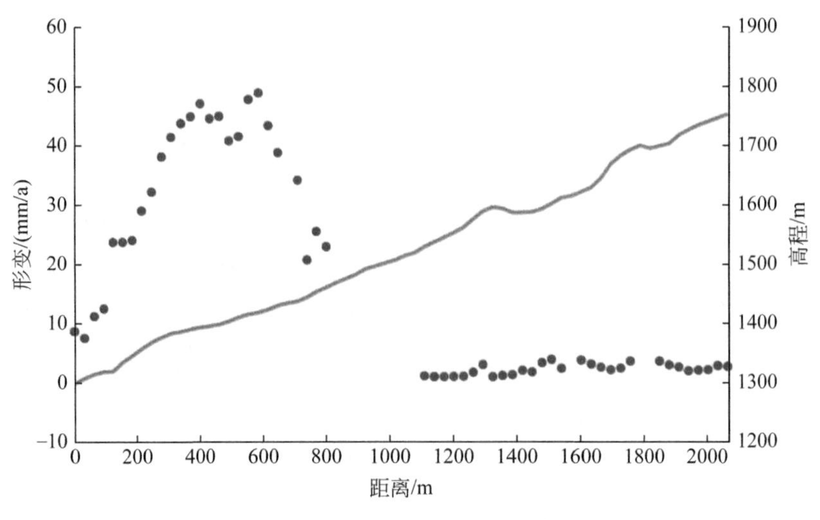

图 5-14 剖面 *AA′* 上的形变和高程

据和降轨 ENVISAT/ASAR 数据都没有在该区域获得任何信息。因此，我们推断可能是该区域的滑坡形变导致地表特征发生明显变化，从而引起较为严重的 InSAR 失相干现象。

5.4 模型约束的 InSAR 三维形变测量

5.4.1 模型约束的背景

地表沉降又称为地陷或地面下沉，它是在自然运动或者人类活动影响下，由地下空间压力变化造成的地下储层固结压缩，导致地球局部的地面下降运动，而且大多数的地表沉降是缓慢的、长时序的。究其原因，地面沉降主要是由地下资源（包括各种金属非金属矿产、地下水、石油、天然气、地热等）开采引起的，导致储层空间压力减少，储层体积变化，地表下沉。地下资源开采导致地下空间变化，从而诱发地面沉降，其不仅表现在垂直向形变，还体现在水平向形变，而且往往是水平向形变对于地质灾害解译更为重要。可在实际监测应用中，由于地面沉降缓慢和形变量级较小的特性，基于多源数据融合的 InSAR 三维形变测量方法通常难以适用，迫切需要研究一种面向地下资源开采的 InSAR 三维形变测量方法。

正如前所述，任何地质灾害引起的三维地表形变都蕴含着一定的动力学特征。对于地下资源开采而言，其导致的垂直向形变与水平向形变之间通常隐含了一定的函数关系。2015 年，Li 等[19] 在研究中指出，煤矿开采导致的垂直向形变梯度与水平向形变之间满足比例关系，并基于概率积分法建立了单轨 InSAR 三维地表形变监测方法，成功获取了安徽钱营孜煤矿的三维形变场。该研究成果表明，如何利用地质灾害的动力学特征建立三维地表形变之间的内部联系，从而为观测模型中的南北向形变估计提供可靠约束，是解决面向地下资源开采的 InSAR 三维形变测量难题的有效途径之一。

相比于固体矿产资源，地下流体资源的影响范围往往更大，如地下水开采导致的地面沉降已经成为我国北方城市地质灾害的主要诱因之一。地下流体开采是因，地表形变是果，基于弹性半空间理论将两者耦合，利用地下流体模型为三维形变解算提供伪观测值，从而可以约束 InSAR 观测值获得完整的三维形变结果。相比于其他方法，基于弹性半空间理论的地下流体模型约束方法只需单轨 InSAR 数据即可求解出三维地表形变，不仅降低了对数据配置的苛刻条件，而且无须借助 GNSS、DEM 等外部数据，为地下流体开采监测提供了新途径和新视角。

5.4.2 基于地下流体模型约束的 InSAR 三维形变测量方法

地下流体的持续性大量开采会导致地下空间发生变化，此变化传递到相应地表间接导致地表发生形变。为了研究此形变机理，假设地下空间为均一、弹性介质，采用弹性半空间理论将地下空间体积变化和地表形变耦合，两者之间的关系可表示为

$$d_i(x)=\int_{\Omega} g_i(x,\ y)V(y)\mathrm{d}V \tag{5-16}$$

式中，$d_i(x)$ 是地面点 x 处的三维形变，其中 i=e，n，u 分别为东西向、南北向和垂直向分量；$V(y)$ 和 dV 分别是地下流体空间 Ω 中块源 y 的体积及其体积变化率；$g_i(x,\ y)$ 是格林函数，可简化为

$$g_i(x,y)=\frac{(v+1)}{3\pi}\frac{(x_i-y_i)}{S^3} \tag{5-17}$$

其中，v 是泊松比（此处取经典值 0.25）；S 是地面点 x 到地下块源 y 之间的距离，可表示为

$$S=(x_{\mathrm{e}}-y_{\mathrm{e}})^2+(x_{\mathrm{n}}-y_{\mathrm{n}})^2+(x_{\mathrm{u}}-y_{\mathrm{u}})^2 \tag{5-18}$$

其中，x_{e}、x_{n}、x_{u} 和 y_{e}、y_{n}、y_{u} 分别是地面点 x 和地下块源 y 的东西向、南北向和垂直向坐标。假设地下流体深度 D_{epth} 是均一的，那么有 $D_{\mathrm{epth}}=x_{\mathrm{u}}-y_{\mathrm{u}}$。

为了使模型更具实用性，我们将地下流体空间 Ω 分为均一的 N 个块源，式（5-16）可写成矩阵形式，如下：

$$\begin{bmatrix} d_{\mathrm{e}}(x) \\ d_{\mathrm{n}}(x) \\ d_{\mathrm{u}}(x) \end{bmatrix}=V_y\begin{bmatrix} g_{\mathrm{e}}(x,y_1)g_{\mathrm{e}}(x,y_2)\cdots g_{\mathrm{e}}(x,y_N) \\ g_{\mathrm{n}}(x,y_1)g_{\mathrm{n}}(x,y_2)\cdots g_{\mathrm{n}}(x,y_N) \\ g_{\mathrm{u}}(x,y_1)g_{\mathrm{u}}(x,y_2)\cdots g_{\mathrm{u}}(x,y_N) \end{bmatrix}\begin{bmatrix} \Delta V(y_1) \\ \Delta V(y_2) \\ \vdots \\ \Delta V(y_N) \end{bmatrix}-\begin{bmatrix} \varepsilon_{\mathrm{e}}(x) \\ \varepsilon_{\mathrm{n}}(x) \\ \varepsilon_{\mathrm{u}}(x) \end{bmatrix} \tag{5-19}$$

式中，$\varepsilon_i(x)$（i=e，n，u）为模型误差，假设地下流体源厚度 T_{hick} 是均一的，那么有 $V_y=A_{\mathrm{rea}}\times T_{\mathrm{hick}}$（任意块源体积 V_y 为块源面积 A 乘以块源厚度 T_{hick}）。

InSAR 技术获取的 LOS 向形变是东西向、南北向和垂直向形变的矢量之和，因此 LOS 向形变和三维形变之间可以根据相应 SAR 卫星参数构建如下关系：

$$\mathrm{LOS}(x)=[c_{\mathrm{e}}(x)c_{\mathrm{n}}(x)c_{\mathrm{u}}(x)][d_{\mathrm{e}}(x)d_{\mathrm{n}}(x)d_{\mathrm{u}}(x)]^{\mathrm{T}}+\beta(x) \tag{5-20}$$

其中，LOS(x) 是地面点 x 处的 LOS 向观测值；c_{e}、c_{n}、c_{u} 分别是东西向、南北向和垂直向上三维形变在 LOS 向上的投影系数，可根据

式（4-6）计算得出。

联合式（5-19）和式（5-20），我们可以得到如下联合模型：

$$\boldsymbol{I}=\boldsymbol{B}\boldsymbol{X}+\boldsymbol{\Sigma} \tag{5-21}$$

式中，$\boldsymbol{I}$ 是包含 M 个 LOS 向 InSAR 观测值和 $3M+Q$ 个伪观测量组成的观测向量；$\boldsymbol{\Sigma}$ 是模型残差；$\boldsymbol{X}$ 为 $3M$ 个待求的三维地表形变和 N 地下空间流体变化信息；$\boldsymbol{B}$ 是系数矩阵。这些符号具体形式如下：

$$\boldsymbol{I}_{(4M+Q)\times 1}=[\mathrm{LOS}(1)\,\mathrm{LOS}(2)\cdots\mathrm{LOS}(M)000\cdots\cdots\cdots 000]^{\mathrm{T}} \tag{5-22}$$

$$\boldsymbol{X}_{(3M+N)\times 1}=[d_{\mathrm{e}}(1)\;d_{\mathrm{n}}(1)\;d_{\mathrm{u}}(1)\;d_{\mathrm{e}}(2)\;d_{\mathrm{n}}(2)\;d_{\mathrm{u}}(2)\;\cdots\;d_{\mathrm{e}}(M)\;d_{\mathrm{n}}(M)\;d_{\mathrm{u}}(M)\;\Delta V(1)\;\Delta V(2)\;\cdots\Delta V(N)]^{\mathrm{T}} \tag{5-23}$$

$$\boldsymbol{\Sigma}_{(4M+Q)\times 1}=[\beta(1)\beta(2)\cdots\beta(M)\varepsilon_{\mathrm{e}}(1)\varepsilon_{\mathrm{n}}(1)\varepsilon_{\mathrm{u}}(1)\varepsilon_{\mathrm{e}}(2)\varepsilon_{\mathrm{n}}(2)\varepsilon_{\mathrm{u}}(2)\cdots\varepsilon_{\mathrm{e}}(M)\varepsilon_{\mathrm{n}}(M)\varepsilon_{\mathrm{u}}(M)\delta(1)\delta(2)\cdots\delta(Q)]^{\mathrm{T}} \tag{5-24}$$

$$\boldsymbol{B}_{(4M+Q)\times(3M+N)}=\begin{bmatrix}\boldsymbol{B}_{11} & 0\\ \boldsymbol{B}_{21} & \boldsymbol{B}_{22}\\ 0 & W_r\cdot\boldsymbol{B}_{32}\end{bmatrix} \tag{5-25}$$

其中，$\boldsymbol{B}_{11}$ 为 InSAR LOS 向观测值与三维形变之间的转换关系矩阵；

$$\boldsymbol{B}_{11}=\begin{bmatrix}c_{\mathrm{e}}(1)c_{\mathrm{n}}(1)c_{\mathrm{u}}(1) & & & \\ & c_{\mathrm{e}}(2)c_{\mathrm{n}}(2)c_{\mathrm{u}}(2) & & \\ & & \ddots & \\ & & & c_{\mathrm{e}}(M)c_{\mathrm{n}}(M)c_{\mathrm{u}}(M)\end{bmatrix}_{M\times 3M} \tag{5-26}$$

$$B_{21}=\begin{bmatrix}1 & & & & \\ & 1 & & & \\ & & \ddots & & \\ & & & 1 & \\ & & & & 1\end{bmatrix}_{3M\times 3M}$$

$$
\boldsymbol{B}_{22}=-V\begin{bmatrix}
g_{\mathrm{e}}(1,1) & g_{\mathrm{e}}(1,2) & g_{\mathrm{e}}(1,3) & \cdots & g_{\mathrm{e}}(1,N)\\
g_{\mathrm{n}}(1,1) & g_{\mathrm{n}}(1,2) & g_{\mathrm{n}}(1,3) & \cdots & g_{\mathrm{n}}(1,N)\\
g_{\mathrm{u}}(1,1) & g_{\mathrm{u}}(1,2) & g_{\mathrm{u}}(1,3) & \cdots & g_{\mathrm{u}}(1,N)\\
g_{\mathrm{e}}(2,1) & g_{\mathrm{e}}(2,2) & g_{\mathrm{e}}(2,3) & \cdots & g_{\mathrm{e}}(2,N)\\
g_{\mathrm{n}}(2,1) & g_{\mathrm{n}}(2,2) & g_{\mathrm{n}}(2,3) & \cdots & g_{\mathrm{n}}(2,N)\\
g_{\mathrm{u}}(2,1) & g_{\mathrm{u}}(2,2) & g_{\mathrm{u}}(2,3) & \cdots & g_{\mathrm{u}}(2,N)\\
\vdots & \vdots & \vdots & \ddots & \vdots\\
g_{\mathrm{e}}(M,1) & g_{\mathrm{e}}(M,2) & g_{\mathrm{e}}(M,3) & \cdots & g_{\mathrm{e}}(M,N)\\
g_{\mathrm{n}}(M,1) & g_{\mathrm{n}}(M,2) & g_{\mathrm{n}}(M,3) & \cdots & g_{\mathrm{n}}(M,N)\\
g_{\mathrm{u}}(M,1) & g_{\mathrm{u}}(M,2) & g_{\mathrm{u}}(M,3) & \cdots & g_{\mathrm{u}}(M,N)
\end{bmatrix}_{3M\times N} \tag{5-27}
$$

虽然上述系数矩阵是满秩的，但是具有严重的病态性，进而会影响参数估计结果的精度。考虑到在弹性半空间中，地下空间中每个块源变化可以认为是连续的，因此我们在构建系数矩阵时对地下流体块源之间的变化添加一个平滑约束，即式（5-25）中的矩阵 $\boldsymbol{B}_{32}$，其中 W_r（本章实验中取值为 1）为平滑因子，主要作用是调整平滑约束的强度大小，是一个经验性的参数。平滑约束矩阵 $\boldsymbol{B}_{32}=[\boldsymbol{B}_h;\ \boldsymbol{B}_z]$，其中 $\boldsymbol{B}_h$ 为水平平滑约束矩阵，$\boldsymbol{B}_z$ 为垂直平滑约束矩阵：

$$
\boldsymbol{B}_h=\begin{bmatrix}
1 & -1 & 0 & \cdots & 0\\
0 & 1 & -1 & \cdots & 0\\
\vdots & \vdots & \vdots & \ddots & \vdots\\
0 & 0 & 0 & 1 & -1
\end{bmatrix},\boldsymbol{B}_z=\begin{bmatrix}
1 & 0 & \cdots & 0 & -1 & 0 & \cdots & 0\\
0 & 1 & \cdots & 0 & 0 & -1 & \cdots & 0\\
0 & 0 & \ddots & \vdots & 0 & 0 & \ddots & \vdots\\
0 & 0 & \cdots & -1 & 0 & 0 & \cdots & -1
\end{bmatrix} \tag{5-28}
$$

至此，只要观测值个数大于或等于待求参数个数，根据最小二乘准则 $\Sigma^{\mathrm{T}}P\Sigma=\min$，基于联合反演模型［式（5-21）］就可以估计出三维地表形变和地下流体变化信息 $\boldsymbol{X}=(\boldsymbol{B}^{\mathrm{T}}\boldsymbol{PB})^{-1}\boldsymbol{B}^{\mathrm{T}}\boldsymbol{PI}$，其中 $\boldsymbol{P}$ 为 InSAR 观测值权重。简单起见，可以以待定权观测值周围开一个规则窗口，并且假设开窗口内各观测值服从各态历经过程，取窗口内所有观测值的方差作为待定窗口中心观测值的先验方差，进而实现定权。基于此，只要利用 MT-InSAR 技术得到时序的 InSAR 观测量，结合本节介绍的联合反演模型即可拓展到时序上，得到时序三维形变和地下流体空间时序变化信息。

5.4.3 地面沉降监测应用实例：青海涩北气田

研究区域为青海柴达木盆地东缘的三湖地区的涩北气田，它是我国四大气田之一，也是国内外罕见的第四系生物成因的气田，发现于 1964 年，开发于 1995 年，探明地质储藏 2878.81 亿 m^3。涩北气田区域海拔高、地势相对平缓、常年降水量少、植被稀疏，主要包括涩北一号（SB1）、涩北二号（SB2）和台南（TN）三大气田，因此本研究选择了涩北三大气田作为主要的研究区域（图 5-15）。

本次实验共收集了 37 景 Sentinel-1 号卫星数据，时间跨度为 2014 年 11 月 3 日 ~2017 年 7 月 2 日。除此之外，还采用 30 m 分辨率 SRTM 为外部 DEM 数据。同时，我们还收集了 2008 ~2016 年涩北气田相关年鉴，用于后续实验结果分析与验证。

在数据处理中，首先精化轨道，选取 2016 年 3 月 9 日影像作为主影像，其余 SAR 影像分别与其进行配准，裁剪出如图 5-15（b）所示虚线框区域作为本研究的感兴趣区域（AOI），AOI 对应地面面积约 3100 km^2；其次采用 20×4（距离向×方位向）的多视处理，抑制噪声提高信噪比；最后以时间基线 80 天和空间基线 70 m 作为阈值来选取干涉对，共构成 64 个干涉对（图 5-16），然后利用 SBAS 技术对这些干涉图进行时序形变分析处理。

根据涩北气田先验信息，可以大致限定涩北气田的深度为 1000 m，厚度大致为 100 m，从而使式（5-21）为典型的线性问题，采用最小二乘法解算即可。图 5-17 是解算的 LOS 向时序形变结果，图中以第一景为基准，其他子图展示了相对于第一景的累积形变结果，大部分区域均保持高相干性。从 LOS 向时序形变结果可以得出涩北气田的长期大量开

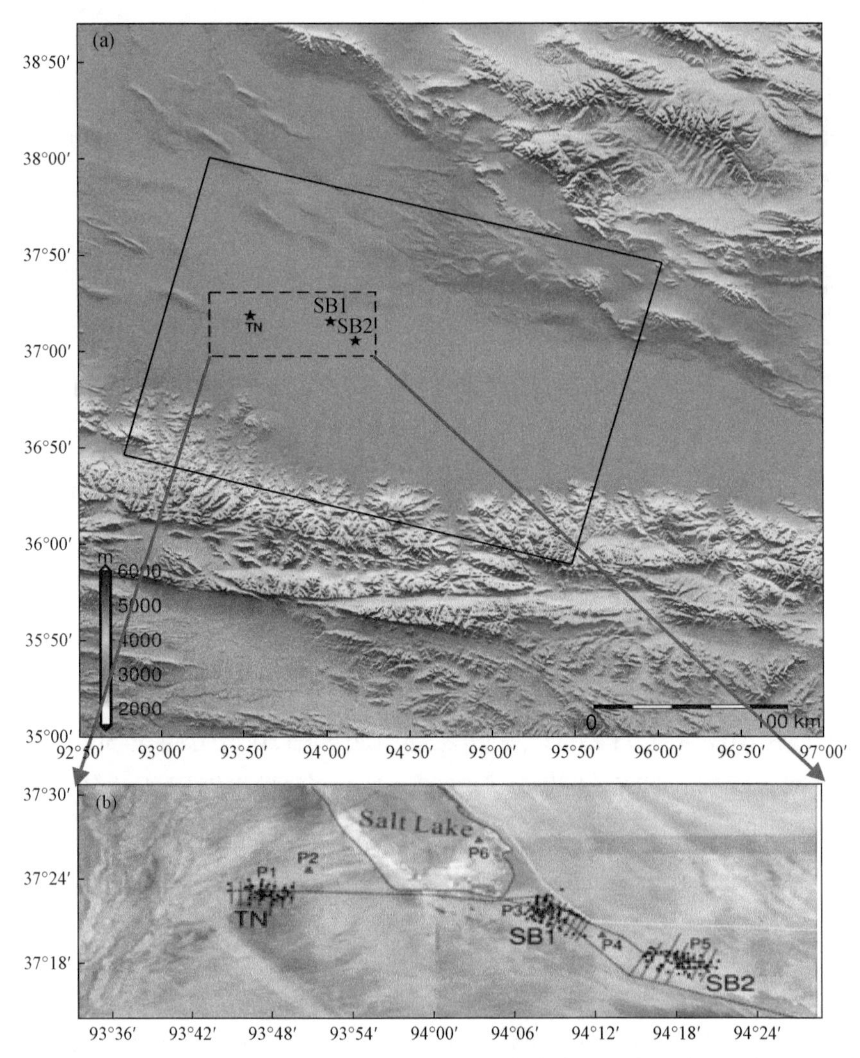

图 5-15 （a）研究区域及 Sentinel 数据覆盖。黑色虚线为研究区域。黑色五角星分别标注了涩北一号（SB1）、涩北二号（SB2）、台南（TN）气田；（b）涩北三大气田的光学影像。黄色实线表示 315 国道（G315）；黑色虚线和黑点分别表示涩北气田输气管道和采气井；点 P1 ~ P6 是选取的六个特征点；Salt Lake 是盐湖

采已经造成了明显的地面沉降。主要形变区位于三个主要气田（即 TN、SB1 和 SB2）上，并且累积形变量急剧增加，研究期间最大变形达到 -181.1 mm。除三个主要气田存在明显形变外，盐湖地区也出现明显的形变。

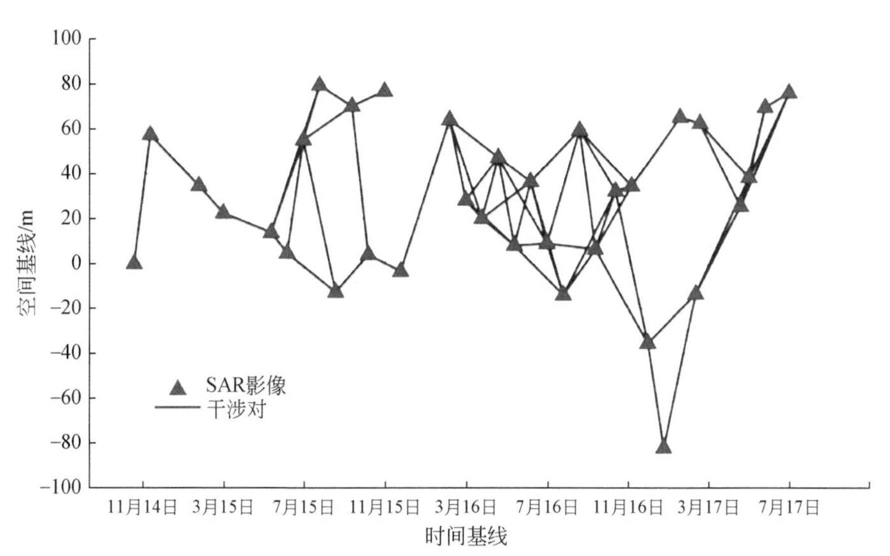

图 5-16　干涉对时空基线分布图

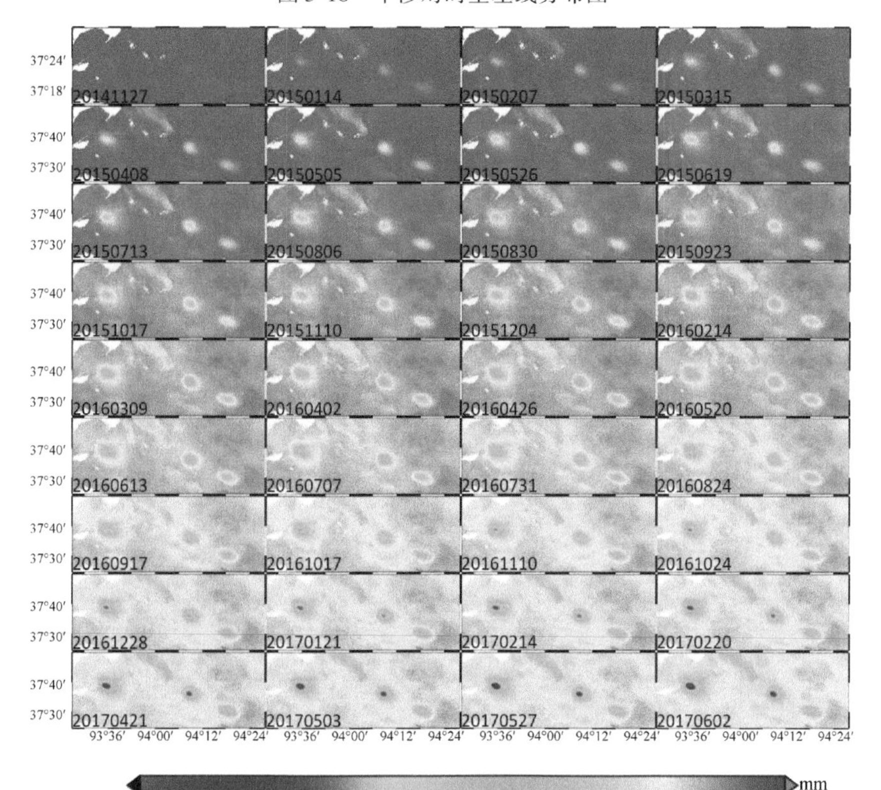

图 5-17　涩北三大气田开采区地表时序 LOS 向累积形变量

图中如 20141127 指时间，即 2014 年 11 月 27 日，余同

5.4.4 实验结果分析

基于联合反演模型，利用单轨获取的时序 LOS 向 InSAR 观测值来反演时序三维形变和相应的地下气体体积变化等信息。东西向的平均速率图和时序累积形变图分别在图 5-18（a）和图 5-19 中给出，从中

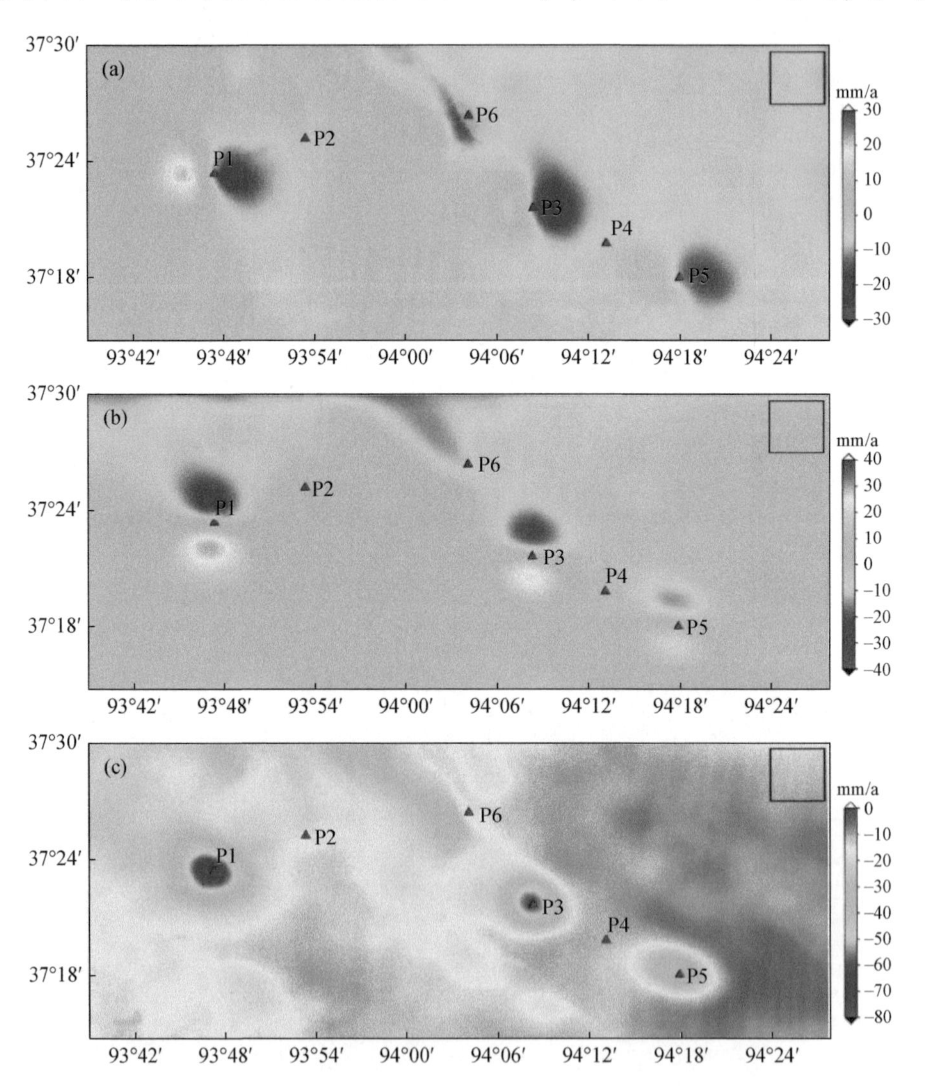

图 5-18 （a）东西向平均形变速度图；（b）南北向平均形变速度图；（c）垂直向平均形变速度图。红色三角形表示时间序列分析的选定点，黑色方框表示讨论中定量评估的选定区域

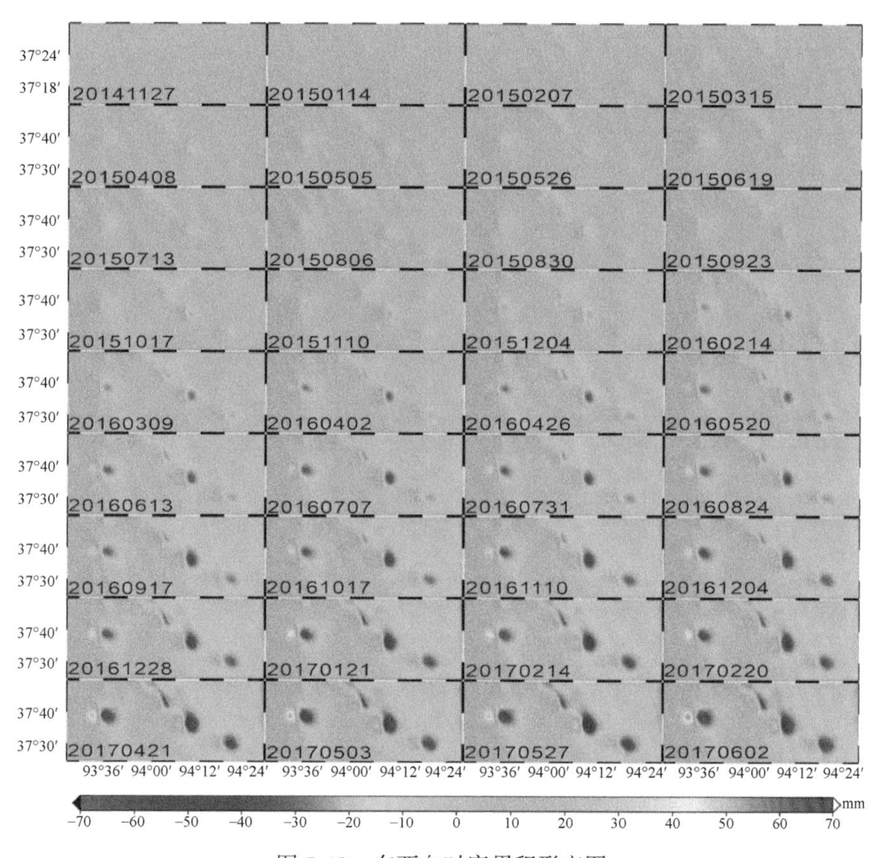

图 5-19　东西向时序累积形变图

可以看出，东西向累积形变量随着时间跨度增大而不断增大，三个基本气田（SB1、SB2 和 TN）发生了明显形变，向西和向东的最大累积形变量达到了 62.7 mm 和 59.3 mm，除此之外，在 AOI 北边盐湖地区也发现了明显的东西向形变。

图 5-18（b）展示了南北向平均形变速率，TN 气田观测到的平均位移速率峰值分别为向北 31.3 mm/a 和向南 25.6 mm/a。南北向时序累积形变图如图 5-20 所示，从中我们可以了解到，AOI 存在很明显的南北向累积形变位移，其中 TN 气田最大向北和向南累积形变量分别达到了 78.1 mm 和 68.0 mm，相比东西向累积形变，南北向累积形变量级更大。

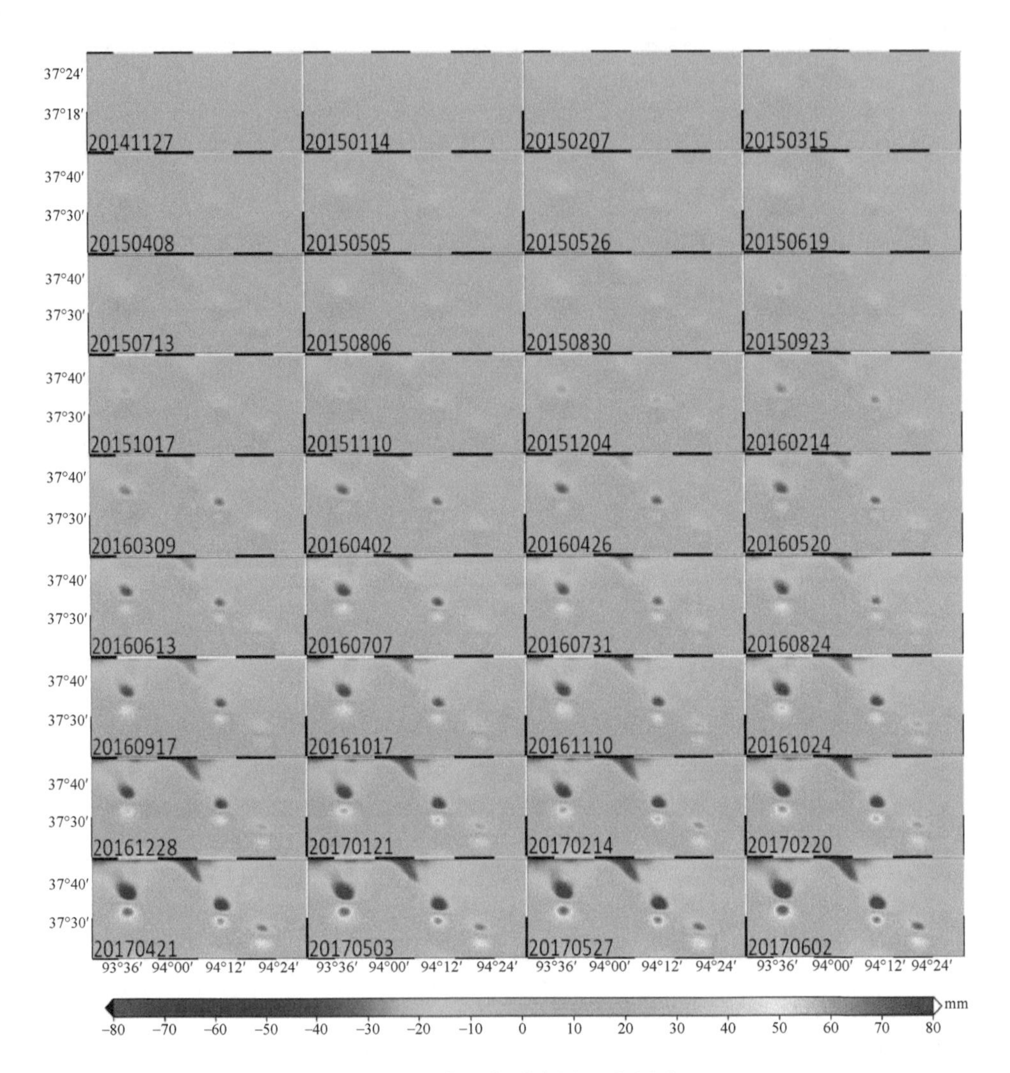

图 5-20　南北向时序累积形变图

图 5-18（c）和图 5-21 分别显示了垂直向平均形变速率和时序累积形变。可以观察到，明显的位移区主要出现在产气区，最大的沉降出现在 TN 气田，其最大平均沉降速率为 73.4 mm/a，这主要归因于 TN 气田产气量最大。在不到三年的时间内 TN 气田观测到的最大累积沉降量达到 195.4 mm。另外，可以发现垂直向累积形变量远大于东西向和南北向累积形变量。

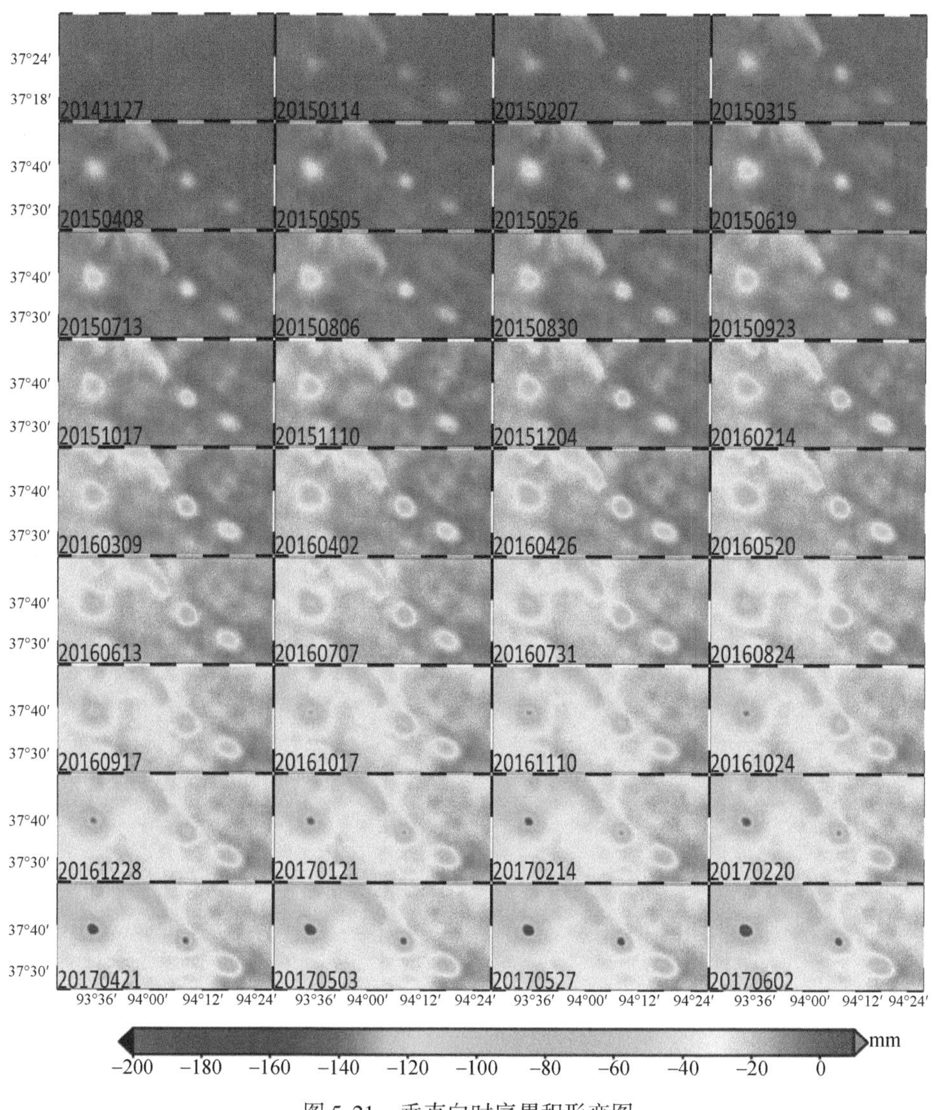

图 5-21　垂直向时序累积形变图

本研究选择了六个研究区域内特征点（图 5-18 中的 P1 ~ P6 点）来进一步描述三维形变的时序演变过程。图 5-22 显示了所选点 P1 ~ P6 的三维时间序列表面变形的详细信息。P1、P3 和 P5 分别位于 TN、SB1 和 SB2 气田的中心位置，并且都存在严重的形变，主要是由大量天然气开采所致。可以发现，这些沉降漏斗中心点的形变主要由垂直向分量决定。最大的沉降发生在 P1 点，表明 TN 的产气量要比 SB1 和 SB2 多，也与涩北气田相关年鉴是相符合的。

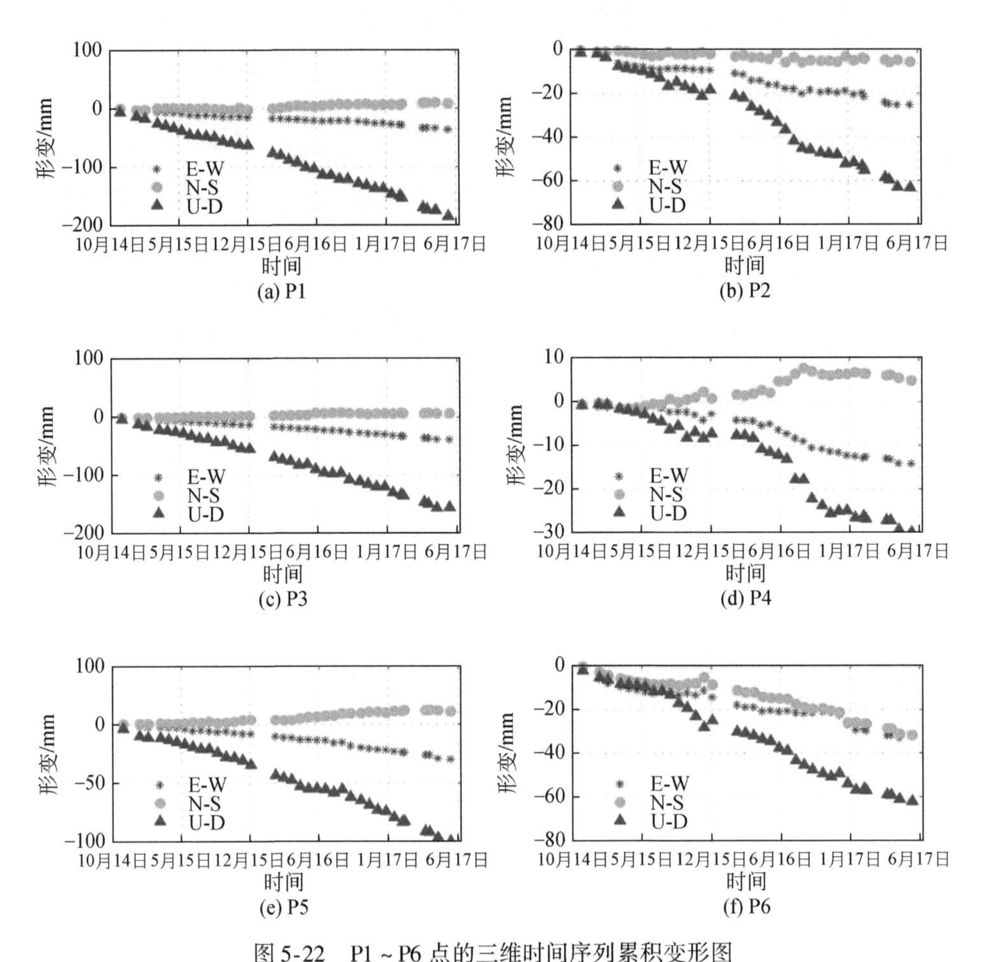

图 5-22　P1 ~ P6 点的三维时间序列累积变形图

红色星形、绿色圆形和蓝色三角形标记分别表示东西向（E-W）、南北向（N-S）和垂直向（U-D）

P2 位于 TN 气田边缘，经历了明显的非线性形变。位于 SB1 和 SB2 气田之间的 P4 点正在遭受明显的形变。从 P2 和 P4 点的三维时序形变可以观察到微弱的季节性形变，表明降水和温度等季节性因素对涩北气田形变的影响。由于盐湖的生产活动，位于盐湖附近的 P6 点在东西、南北和垂直三个方向都出现明显的形变。

图 5-23 是联合模型估计出的涩北气田地下气藏的平均气体体积变化。需要指出的是，地下气体体积变化是无量纲的，它等于气体体积变化与相应的地下气藏单元体积之比。图 5-24 为涩北气田附近的时序累积气体体积变化。气体体积变化主要集中在变形明显的 TN、SB1 和 SB2 气田地区，最大累积气体体积变化值为 -3.6×10^{-3}。研究区内天然气生产活动引起的总有效气体体积变化为-0.9，这相当于地下的体积减小了 1.186 亿 m^3。

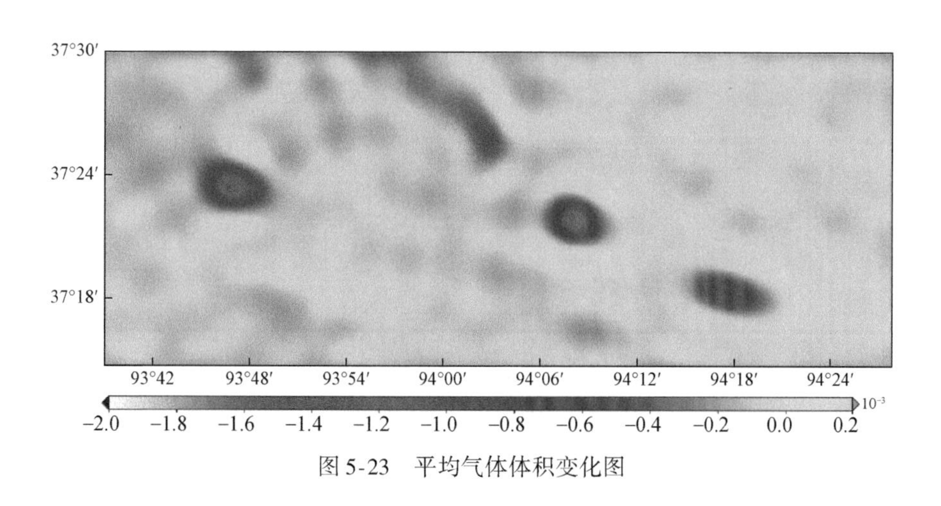

图 5-23　平均气体体积变化图

根据 2011 ~ 2016 年涩北气田统计年鉴资料，本次实验的研究期内涩北三大气田天然气总产量为 54.99 亿 m^3（标准条件下）。而同期 InSAR 估计出的气体体积变化为 0.49 亿 m^3（地下真实条件下），这是由不同的环境（如温度和压力）造成的巨大差距。为了有效评估结果的可靠性，基于理想气体状态方程将 InSAR 反演的体积变化转换到国家标准条件下，以导出从地下条件到中国标准状态的气体体积变化。转换后的体积变化结果为 50.22 亿 m^3，与同期统计结果 54.99 亿 m^3 相比差 4.77 亿 m^3。表 5-6 详细列出了每年实际和 InSAR 反演得到的气体体积变化结果之间的比较。可以看出，在重叠期两者十分吻合，说明本研究提出的方法在监测地下气体的变化应用中具有良好的性能，并且可以用来评估涩北气田的产气能力。

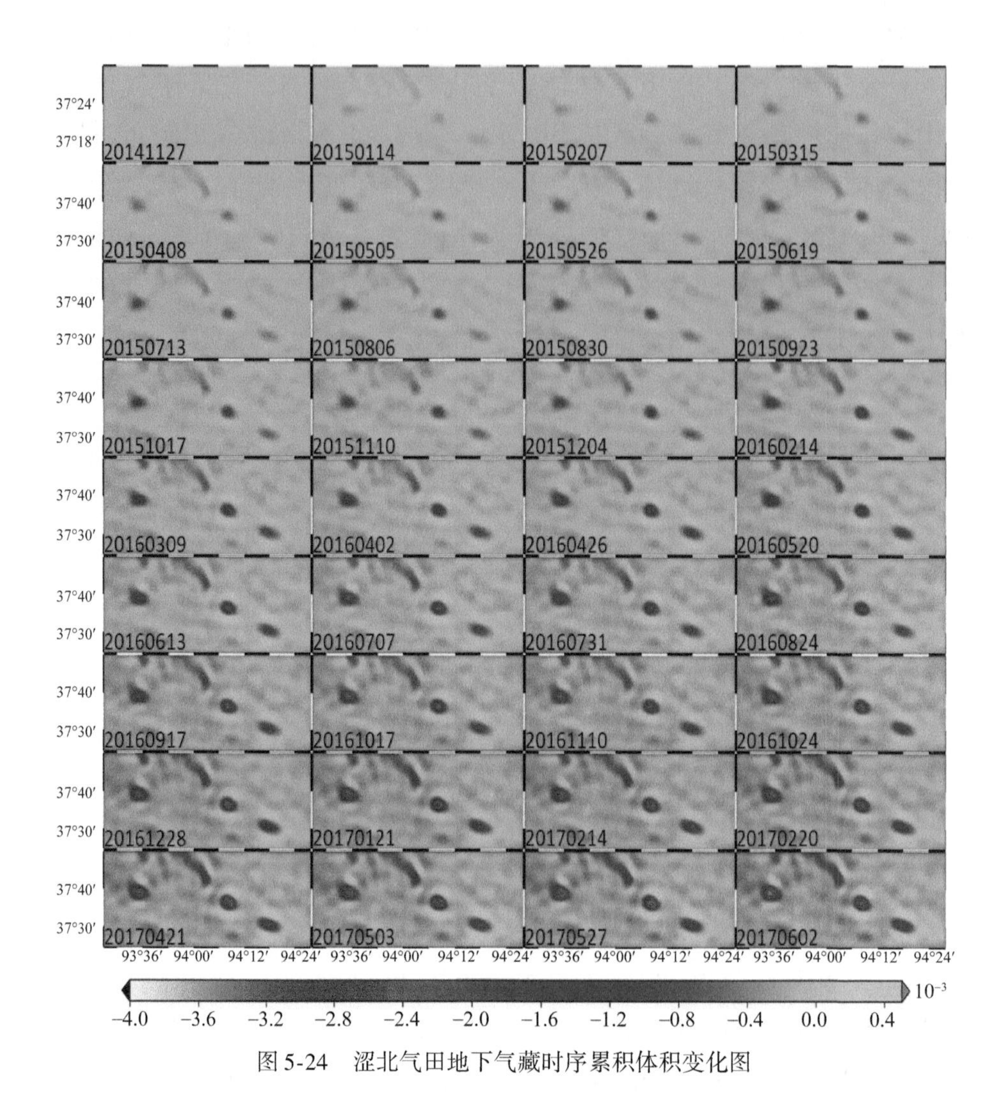

图 5-24　涩北气田地下气藏时序累积体积变化图

表 5-6　涩北三大气田天然气真值与估计值对比　（单位：亿 m^3）

年份	TN 气田		SB1 气田		SB2 气田		三个气田总和	
	真值	估计值	真值	估计值	真值	估计值	真值	估计值
2011	34. 32	—	8. 75	—	19. 64	—	62. 71	—
2012	28. 54	—	15. 60	—	15. 97	—	60. 11	—
2013	32. 35	—	15. 11	—	14. 61	—	62. 07	—

续表

年份	TN 气田		SB1 气田		SB2 气田		三个气田总和	
	真值	估计值	真值	估计值	真值	估计值	真值	估计值
2014	28.38	27.69	13.81	12.71	11.71	9.87	53.90	50.27
2015	22.04	21.35	13.72	12.37	10.52	8.83	46.28	42.55
2016	—	19.94	—	12.51	—	8.34	—	40.79
2017	—	19.21	—	11.02	—	8.27	—	38.50

注：真值从青海石油公司年鉴中获取；估计值由 InSAR 估计所得；—表示数据未知。

5.5 本章小结

本章介绍了基于先验信息约束的 InSAR 三维形变监测方法，从地表形变及其载体本身出发，充分挖掘了形变产生的机制和三维形变的内在联系，进而将获取的先验信息作为伪观测值，以此弥补 InSAR 的 LOS 向观测对南北向形变不敏感的缺陷，从而实现对地质灾害的三维形变监测。

基于 GNSS 观测约束的 InSAR 三维形变监测方法，实质上是将 InSAR 与 GNSS 形变结果联合以求解三维形变。本章首先将经典的函数模型进行扩展，从而可以在 InSAR 观测的基础上兼容 GNSS 观测，进而通过加权最小二乘算法实现 InSAR 三维形变监测。随后，将该方法应用于美国南加利福尼亚州断层蠕动三维形变监测上，并且分析了不同权重计算方法下的 GNSS 观测约束的 InSAR 三维形变测量的差异性，结果表明，基于方差分量估计后验权的三维形变结果的 RMSE 与先验权相比由 5.4 mm 减少到 1.9 mm，在三个方向上的改善程度分别为 20%、20% 和 5%。

基于方向约束的 InSAR 三维形变测量方法是基于“平行位移假设”提出的，针对的主要是受地球重力作用下的地表形变，如滑坡、冰川漂移等，假设其运动方向平行于地表。该方法的可行性在甘肃舟曲滑坡监测中得到验证。首先采用 TCP-InSAR 技术分别获得 ALOS/PALSAR 升轨和 ENVISAT/ASAR 降轨的 LOS 向平均形变速率结果，进而利用 DEM 提供的坡度信息建立垂直向和水平向形变的联系，最后以此作为升降轨 InSAR 观测的约束解算舟曲滑坡的三维形变。实验结果表明，泄流坡的滑坡基本以向西的下坡运动为主，其中最大的水平向和垂直向形变速率分别达到 55 mm/a 和 16 mm/a。

基于模型约束的 InSAR 三维形变测量方法充分挖掘了地表形变的产生机理，假设地下流体开采导致的地下空间变化是诱发地表形变的主要因素，进而利用弹性半空间理论建立地下流体模型与三维地表形变的内在联系，将此约束作为伪观测与 InSAR 形变观测联合平差，从而实现仅需单轨 InSAR 观测的三维地表形变测量。在青海涩北气田开采导致的地面沉降监测应用中，首先采取 SBAS 技术对 37 景 Sentinel-1A 数据进行联合处理，得到 2014 ~ 2017 年的 LOS 向时序形变，进而将地下流体开采和地表形变两者耦合，联合解算时序三维形变和地下流体体积变化信息。结果表明，涩北气田 2014 ~ 2017 年的累积形变在东西向、南北向和垂直向上分别达到 62. 7 mm、78. 1 mm 和 195. 4 mm，并且探测出地下流体体积减小量为 1. 186 亿 m^3，与该气田的统计年鉴资料十分吻合。

参考文献

[1] Michel R, Avouac J P, Taboury J. Measuring ground displacements from SAR amplitude images: Application to the Landers Earthquake. Geophysical Research Letters, 1999, 26: 875-878.

[2] Bechor N B D, Zebker H A. Measuring two- dimensional movements using a single InSAR pair. Geophysical Research Letters, 2006, 33: 275-303.

[3] Fialko Y, Simons M, Agnew D. The complete 3- D surface displacement field in the epicentral area of the 1999 MW 7. 1 Hector Mine Earthquake, California, from space geodetic observations. Geophysical Research Letters, 2001, 28: 3063-3066.

[4] Fialko Y, Sandwell D, Simons M, et al. Three-dimensional deformation caused by the Bam, Iran, earthquake and the origin of shallow slip deficit. Nature, 2005, 435: 295.

[5] Jung H S, Lu Z, Won J S, et al. Mapping Three-Dimensional Surface Deformationby Combining Multiple-Aperture Interferometry and Conventional Interferometry: Application to the June 2007 Eruption of Kilauea Volcano, Hawaii. IEEE Geoscience and Remote Sensing Letters, 2011, 8: 34-38.

[6] Jo M J, Jung H S, Won J S. Measurement of precise three-dimensional volcanic deformations via-TerraSAR-X synthetic aperture radar interferometry. Remote Sensing of Environment, 2017, 192: 228-237.

[7] Li J, Li Z W, Ding X L, et al. Investigating mountain glacier motion with the method of SAR intensity-tracking: Removal of topographic effects and analysis of the dynamic patterns. Earth-Science Reviews, 2014, 138: 179-195.

[8] Li J, Li Z W, Wu L X, et al. Deriving a time series of 3D glacier motion to investigate interactions of a large mountain glacial system with its glacial lake: Use of Synthetic Aperture Radar Pixel Offset- Small Baseline Subset technique. Journal of Hydrology, 2018, 559: S0022169418301495.

[9] Jung HS, Won J S, Kim S W. An Improvement of the Performance of Multiple-Aperture SAR Interferometry (MAI). IEEE Transactions on Geoscience and Remote Sensing, 2009, 47: 2859-2869.

[10] Song X, Jiang Y, Shan X, et al. Deriving 3D coseismic deformation field by combining GPS andInSAR data based on the elastic dislocation model. International Journal of Applied Earth Observation & Geoinformation, 2017, 57: 104-112.

[11] Guglielmino F, Bonforte A, Puglisi G, et al. Analysis of satellite and in situ ground deformation data integrated by the SISTEM approach: The April 3, 2010 earthquake along the Pernicana fault (Mt. Etna -Italy) case study. Earth and Planetary Science Letters, 2011, 312: 327-336.

[12] Guglielmino F, Nunnari G, Puglisi G, et al. Simultaneous and Integrated Strain Tensor Estimation From Geodetic and Satellite Deformation Measurements to Obtain Three-Dimensional Displacement Maps. IEEE Transactions on Geoscience and Remote Sensing, 2011, 49: 1815-1826.

[13] Peltier A, Froger J L, Villeneuve N, et al. Assessing the reliability and consistency of InSAR and GNSS data for retrieving 3D-displacement rapid changes, the example of the 2015 Piton de la Fournaise eruptions. Journal of Volcanology and Geothermal Research, 2017, 344: 106-120.

[14] Samsonov S, Tiampo K F, Rundle J B. Application of DInSAR-GPS optimization for derivation of three-dimensional surface motion of the southern California region along the San Andreas fault. Computers and Geoscience, 2008, 34: 503-514.

[15] Tong X, Sandwell D T, Smith-Konter B. High-resolution interseismic velocity data along the San Andreas Fault from GPS and InSAR. Journal of Geophysical Research Solid Earth, 2013, 118: 369-389.

[16] Gudmundsson S, Sigmundsson F, Carstensen J M. Three-dimensional surface motion maps estimated from combined interferometric synthetic aperture radar and GPS data. Journal of Geophysical Research: Solid Earth, 2002, 107: ETG-1-ETG 13-14.

[17] Sun Q, Zhang L, Ding X L, et al. Slope deformation prior toZhouqu, China landslide from InSAR time series analysis. Remote Sensing of Environment, 2015, 156: 45-57.

[18] Samsonov S, Dille A, Dewitte O, et al. Satellite interferometry for mapping surface deformation time series in one, two and three dimensions: A new method illustrated on a slow-moving landslide. Engineering Geology, 2020, 266: 105-120.

[19] Li Z W, Yang Z F, Zhu J J, et al. Retrieving three-dimensional displacement fields of mining areas from a single InSAR pair. Journal of Geodesy, 2015, 89: 17-32.

[20] Hu J, Ding X L, Zhang L, et al. Estimation of 3-D Surface Displacement Based onInSAR and Deformation Modeling. IEEE Transactions on Geoscience and Remote Sensing, 2017, 55: 2007-2016.

[21] Samsonov S, Tiampo K. Analytical optimization of a DInSAR and GPS dataset for derivation of three-dimensional surface motion. IEEE Geoscience and Remote Sensing Letters, 2006, 3: 107-111.

[22] Samsonov S, Tiampo K, Rundle J, et al. Application of DInSAR-GPS Optimization for Derivation of Fine-Scale Surface Motion Maps of Southern California. IEEE Transactions on Geoscience and Remote Sensing, 2007, 45: 512-521.

[23] Luo H B, He X F. Estimation of Three-dimensional Surface Motion Velocities Using Integration ofDInSAR and GPS. Acta Geodaetica Et Cartographica Sinica, 2008, 37: 168-171.

[24] Catalao J, Nico G, Hanssen R, et al. Merging GPS and Atmospherically Corrected InSAR Data to Map 3-D Terrain Displacement Velocity. IEEE Transactions on Geoscience and Remote Sensing, 2011, 49: 2354-2360.

[25] Liu W, Yamazaki F. Detection of three-dimensional crustal movements due to the 2011 Tohoku, Japan earthquake from TerraSAR-X intensity images. IEEE Geoscience and Remote Sensing Letters, 2013, 10 (1): 199-203.

[26] Parizzi A, Gonzalez F, Brcic R. A Covariance-Based Approach to Merging InSAR and GNSS Displacement Rate Measurements. Remote Sensing, 2020, 12 (2): 300.

[27] 崔希璋, 於宗涛, 陶本藻, 等. 广义测量平差. 北京: 测绘出版社, 2001.

[28] Hu J, Li Z W, Sun Q, et al. Three-Dimensional Surface DisplacementsFrom InSAR and GPS Measurements With Variance Component Estimation. IEEE Geoscience and Remote Sensing Letters, 2012, 9: 754-758.

[29] Bawden G W, Thatcher W, Stein R S, et al. Tectonic contraction across Los Angeles after removal of groundwater pumping effects. Nature, 2001, 412: 812.

[30] Argus D F, Heflin M B, Peltzer G, et al. Interseismic strain accumulation and anthropogenic motion in metropolitan Los Angeles. Journal of Geophysical Research: Solid Earth, 2005, 110.

[31] Hu J, Li Z W, Ding X L, et al. 3D coseismic Displacement of 2010 Darfield, New Zealand earthquake estimated from multi-aperture InSAR and D-InSAR measurements. Journal of Geodesy, 2012, 86 (11): 1029-1041.

[32] Amighpey M, Vosooghi B, and Dehghani M, Earth surface deformation analysis of 2005 Qeshm earthquake based on three-dimensional displacement field derived from radar imagery measurements. International Journal of Applied Earth Observation and Geoinformation, 2009, 11 (2): 156-166.

[33] Jo M J, Jung H S, Won J S, et al. Measurement of three-dimensional surface deformation by Cosmo-SkyMed X-band radar interferometry: Application to the March 2011 Kamoamoa fissure eruption, Kīlauea Volcano, Hawai'i. Remote Sensing of Environment, 2015, 169: 176-191.

[34] Jo M J, Jung H S, Won J S, et al. Measurement of slow-moving along-track displacement from an efficient multiple-aperture SAR interferometry (MAI) stacking. Journal of Geodesy, 2015, 89 (5): 411-425.

[35] Erten E, Reigber A, Hellwich O, et al. Glacier Velocity Monitoring by Maximum Likelihood Texture Tracking. IEEE Transactions on Geoscience and Remote Sensing, 2009, 47 (2): 394-405.

[36] Giles A B, Massom R A, Warner R C. A method for sub-pixel scale feature-tracking using Radarsat images applied to the Mertz Glacier Tongue, East Antarctica. Remote Sensing of Environment, 2009, 113 (8): 1691-1699.

[37] Gourmelen N, Kim S W, Shepherd A, et al. Ice velocity determined using conventional and multiple-aperture InSAR. Earth and Planetary Science Letters, 2011, 307 (1-2): 156-160.

[38] Joughin I R, Kwok R, Fahnestock M A. Interferometric estimation of three-dimensional ice-flow using ascending and descending passes. IEEE Transactions on Geoscience and Remote Sensing, 1998, 36 (1): 25-37.

[39] Colesanti C, Wasowski J. Investigating landslides with space-borne Synthetic Aperture Radar (SAR) interferometry. Engineering Geology, 2006, 88 (3-4): 173-199.

[40] Samsonov S. Three-dimensional deformation time series of glacier motion from multiple-aperture DInSAR observation. Journal of Geodesy, 2019, 93 (12): 2651-2660.

[41] 刘传正，苗天宝，陈红旗，等．甘肃舟曲2010年8月8日特大山洪泥石流灾害的基本特征及成因．地质通报，2011，30：141-150.

[42] Xin H. Slew of Landslides Unmask Hidden Geological Hazards. Science, 2010, 330: 744.

[43] Scaioni M. Remote Sensing for Landslide Investigations: From Research into Practice. Remote Sensing, 2013, 5: 5488-5492.

第6章 InSAR 三维形变测量的发展趋势与挑战

6.1 高时间分辨率的 InSAR 三维形变测量

随着技术的发展，SAR 卫星的重访周期不断缩短，为利用 InSAR 技术进行三维地表形变监测提供了高时间分辨率的 SAR 数据。对于 ERS-1/2、ENVISAT、ALOS-1、RADARSAT-1 等第一代 SAR 卫星，其重访周期一般在一个月左右。对于大部分研究区域，每年获取的 SAR 数据影像大约为 10 景，相邻 SAR 影像之间的时间跨度较大，所形成的干涉图容易受到失相干噪声的影响，因此难以准确捕捉地表形变的变化过程。而对于新一代 SAR 卫星，如 TerraSAR-X 卫星的重访周期为 11 天，Sentinel-1A/B 双星的重访周期为 6 天，COSMO-SkyMed 四星星座的重访周期则最短可达到 1 天，大大提高了卫星影像的时间采样密度及干涉图的质量，使精细刻画地质灾害的动态变化过程成为可能。然而，基于不同平台、不同轨道的长时序 SAR 卫星数据，实现高精度、高时间分辨率的 InSAR 三维地表形变监测，仍存在以下两大难点。

1）InSAR 三维形变测量方法难以得到高精度的南北向时序形变结果。对于绝大多数没有布设足量 GNSS 台站的研究区域，由于 MT-InSAR 技术提供的 LOS 向测量值对南北向形变不敏感，南北向时序形变估计结果的主要贡献来自于精度较差的 POT/MAI 方位向测量值；而在没有可靠的方位向测量值的情况下，只能假设南北向形变可以忽略不计，即利用 LOS 向时序测量值估计的时序形变仅是准三维的。实际上，任何地质灾害引起的三维地表形变都蕴含着一定的动力学特征。例如，断层活动引起的三维形变与应力应变之间通常存在函数关系，地下开采导致的垂直向形变梯度与水平向形变之间则一般满足比例关系。因此，应充分挖掘地质灾害的动力学特征，建立三维地表形变之间的内部联系，进而为观测模型中的南北向形变估计提供可靠约束。另外，德国 DLR 基于 TerraSAR-X 设计出了 two-looks 的 SAR 数据获取模式，这种模式可以简单认为与 Sentinel 数据的获取方式相似，但相邻 burst 之间的重合度为 50%，也就是说整个 SAR 影像均可以类似 burst overlap interferometry（BOI）的方式获取沿卫星飞行方向的形变，且可达到与 BOI 方法相似的精度[1]。但目前仍处于测试数据，日后若可获取相关数据，对于高精度、高时间分辨率三维地表形变监测将是一大变革。

2）不同平台、不同轨道的 SAR 数据时态差异导致的观测不一致问题。为了获取三维地表形变，必须要融合不同成像几何的 SAR 卫星数据。然而在一般情况下，不同平台、不同轨道 SAR 卫星在目标研究区域获取 SAR 影像的时间不同，导致求解三维时序地表形变时的系数矩阵秩亏。现有方法通过增加外部约束的方式进行形变求解[2]，这不仅有损 InSAR 三维时序形变结果的估计精度，而且每获取一景新的 SAR 数据，都需要将其与之前所有的存档数据一起重新处理，浪费了大量时间和精力。卡尔曼滤波是一种动态数据处理方法，它顾及了数据在时间域上的状态和关联性，不需要存储大量的历史数据，是一个不断预测和修正的过程，在长时序三维地表形变序列的求解中具有很好的潜力[3]。同时，机器学习在数据分析与挖掘、模式识别等方面已有较多的成功案例。未来 SAR 数据量不断增多，时序上已有的地表形变信息提供了大量的数据样本，进而也可以运用机器学习等相关理念在已有形变信息的基础上预测将来的形变结果，并以此作为先验信息来辅助高时间分辨率的 InSAR 三维形变的解算[4]。

6.2 高空间分辨率的 InSAR 三维形变测量

2007 年6 月以来，德国 TerraSAR-X 和意大利 COSMO-SkyMed 等高分辨率 SAR 卫星被相继发射升空，从此雷达遥感在空间分辨率上又迈出了巨大的一步。这些卫星能够提供分辨率优于 1 m 的 SAR 影像，和光学遥感一样，这些影像在地图制图、目标识别方面的优势是显而易见的。此外，地基 SAR 设备（如 GPRI、IBIS、FastGBSAR 等）可获取亚米级分辨率的形变监测结果。相比较于中低分辨率 SAR 影像，高分辨率 SAR 影像上的点目标密度非常高，基本以“点云”的形式呈现，可以解译和提取出更多地物细节，从而使利用 SAR 影像来监测地物微小形变成为可能。但是，利用高分辨率 SAR 影像来监测三维地表形变，仍然存在一些瓶颈问题有待解决。

1）在城市高层建筑密集覆盖的区域，高分辨率 SAR 影像中单个雷达分辨单元可能包含了来自不同地物目标的后向散射信号，产生严重的叠掩现象。如果不能有效地将这些目标的信号区分开来，就获取不了准确的地物三维信息。SAR 层析成像（TomoSAR）技术具有高程向分辨的能力，可以有效解决高分辨率 SAR 影像中由叠掩和透视收缩效应引起的问题[5]。为此，有研究将 TomoSAR 技术应用于城市建筑物，并获取了它的二维形变[6]。由于城市区域广泛分布阴影和照射死角，运动分解仅限于能反射多个观测信号的特殊建筑物体，其在三维形变监测领域的潜力还有待开发。此外，在 SAR 信号传播过程中，受一些物体的反射（尤其是高层建筑物），而改变了信号的传播方向、振幅、极化以及相位等，这些变化的信号到达传感器，与通过直线路径到达传感器的信号产生叠加，从而造成多路径效应。适当延长观测时间，可以削弱多路径效应的周期性影响。

2）SAR 影像分辨率越高，其数据量就越大，数据提取就越难。一般来说，影像分辨率越高，像元数量会成倍增加，如地面 3 km×3 km 的地块，在分辨率为30 m 的 SAR 影像上是 1 万个像元，但是在 3 m×3 m

的卫星影像上就是100万个像元，到了1 m×1 m的卫星影像图中则变成了900万个像元。如此庞大的数据量，只靠人工来计算的话，会消耗大量的时间。尤其在融合多源SAR数据时，高计算复杂度甚至可能超过计算机存储限制。InSAR技术可以以点代面，即只对高相干点形变结果进行计算，掩模掉低相干区域，但这样做可能导致形变区域点覆盖很少，无法充分解译这些区域的变化情况。其次分辨率越高，SAR影像每个像元的信息越复杂，要想获取精确的三维形变，就需要改善以往算法的性能。此时人工智能与机器学习的作用就凸显了，可以不知疲倦地实时处理SAR影像来获取地表精确三维形变，将会为InSAR三维形变监测技术的发展带来巨大的帮助。

3）高分辨率SAR影像容易产生差的像素定位精度。从高分辨率SAR影像中提取的形变信息，最终目的是希望可以放在地图上，供专业人士或者普通市民使用。也就是说，利用高分辨率SAR影像不仅要达到好的三维形变监测精度，还要有准确的地理信息（如经纬度等）。地理编码是InSAR技术中常用的地理定位的方法，就是利用距离-多普勒方程来建立SAR像素坐标和地面坐标之间的关系。由于SAR信号在传播时，不可避免地会受到各种因素的干扰，从而使信号偏离其真实传播路径，引起编码误差。这些干扰包括双站偏移、大气路径延迟、固体潮和地球动力学、卫星动力学效应、轨道偏移影响等，造成形变结果和研究目标不对应，导致错误的解译[7,8]。另外，由于InSAR是一种相对的形变监测技术，地理编码后所有监测点的高度和形变估计值都相对于在处理过程中选择的参考点。如果参考点的DEM存在误差或者在时间维上并不是一个定值，那么所有监测点的形变和高度估计都会存在偏差。同时，由于SAR的斜距成像模式，高程的偏移使得水平定位也会出现误差。InSAR三维形变测量测需要利用地理编码来融合多源数据，如果各平台之间存在编码误差，将会降低三维形变监测精度。因此，应该尽可能地减弱各个平台的编码误差，或者选择合适的配准方法来减小平台之间的偏差，以便能精确的融合多源数据。

6.3 高低轨融合的 InSAR 三维形变测量

高轨 SAR 是一种运行于 36 000 km 轨道高度上的地球同步轨道合成孔径雷达卫星，该卫星克服了目前在轨卫星无法对某一固定区域进行快速连续观测的缺陷，可以每天对同一地点进行监测，且覆盖范围广，三颗高轨 SAR 卫星即可覆盖全球。该技术的概念最早于 1978 年由 Tomiyasu 提出[9]，而后陷入了停滞的状态。进入 21 世纪以来，随着航空航天技术的发展，多个国家和机构又重新开始了对高轨 SAR 的研究工作，在高轨 SAR 系统参数分析与设计[10]、卫星姿态控制[11]和成像处理[12]等方面取得了很好的研究成果。由于高轨 SAR 卫星可以每天对特定地点进行重访观测，有望实现以往在低轨 SAR 上无法实现的一些应用，如快速评估突发的地质灾害、监测大范围水汽运动等，是一种极具应用潜力的星载 SAR 技术。

为了可以对突发的地质灾害有一个全面的评估，我们往往需要获取灾害的三维形变信息。如果采用多个角度的 D-InSAR 观测，由于高轨 SAR 不同角度观测其成像几何差异较小，容易将数据中的噪声放大多倍，以至于掩盖形变信号[13]。考虑到在高轨 SAR 平台上为了实现较快的卫星重访周期，相比于低轨 SAR 平台，往往会引入“地面斜视角”的设计。因此，高轨 SAR 和低轨 SAR 成像几何差异会比较大，利用这个特点，可以融合两种不同的数据获取高精度的三维形变信息。同时，基于高轨 SAR 可实现 1 天快速重访的特性，在进行高轨 SAR 和低轨 SAR 数据融合时可以不用考虑时间的差异，只需将同一天获取的低轨 SAR 数据和高轨 SAR 数据地理编码到同一坐标下即可。研究发现，仅使用高轨 SAR 数据进行三维形变解算时，该组合系数矩阵的条件数均大于 100，对于误差十分敏感，基本难以获取理想的三维形变结果，而当融合了以 Sentinel-1A/B 数据模拟的低轨 SAR 观测之后，条件数减少到了十几，显著改善了系数矩阵的病态情况[13]。因此，融合高轨和低轨 SAR 数据获取高精度地表三维形变信息，有望实现对突发地质灾害的全面评估。

另外一种基于高轨 SAR 的三维形变测量方法，则是使用高轨 SAR 的D-InSAR 观测与 MAI 观测相融合的方法[14]。该方法充分利用了高轨 SAR 合成孔径时间长的特点，获取“方位向基线”较长的高质量 MAI 观测结果，再融合同时获取的全孔径 D-InSAR 观测和另一子孔径上的 D-InSAR观测，即可获取高精度、高时间分辨率的三维形变信息。然而，由于高轨 SAR 的设计，该系统的有效多普勒带宽一般比较小，会导致 MAI 观测的有效视数降低[15]，直接影响了获取的方位向形变精度。此外，高轨 SAR 轨道高度高、合成孔径时间长，因此 MAI 观测中的电离层相位将会十分明显。为了解决这些问题，首先必须采用较大的多视视数改善 MAI 测量的精度，其次应发展有效的电离层相位的滤波或改正方法。

参考文献

[1] Yague-Martinez N, Prats-Iraola P, Wollstadt S, et al. The 2-Look TOPS Mode: Design and Demonstration With TerraSAR-X. IEEE Transactions on Geoscience and Remote Sensing, 2019, 57: 7682-7703.

[2] Samsonov S, D'oreye N. Multidimensional time-series analysis of ground deformation from multiple InSAR data sets applied to Virunga Volcanic Province. Geophysical Journal International, 2012, 191: 1095-1108.

[3] Hu J, Ding X L, Li Z W, et al. Kalman-filter-based approach formultisensor, multitrack, and multitemporal InSAR. IEEE Transactions on Geoscience and Remote Sensing, 2013, 51: 4226-4239.

[4] Ma P, Zhang F, Lin H. Prediction of InSAR time-series deformation using deep convolutional neural networks. Remote Sensing Letters, 2020, 11: 137-145.

[5] Zhu X X, Montazeri S, Gisinger C, et al. Geodetic SAR tomography. IEEE Transactions on Geoscience and Remote Sensing, 2015, 54 (1): 18-35.

[6] Montazeri S, Zhu X X, Eineder M, et al. Three-dimensional deformation monitoring of urban infrastructure by tomographic SAR using multitrack TerraSAR-X data stacks. IEEE Transactions on Geoscience and Remote Sensing, 2016, 54 (12): 6868-6878.

[7] Gernhardt S, Bamler R. Deformation monitoring of single buildings using meter-resolution SAR data in PSI. ISPRS Journal of Photogrammetry and Remote Sensing, 2012, 73: 68-79.

[8] Montazeri S, Rodríguez González F, Zhu X X. Geocoding Error Correction for InSAR Point Clouds. Remote Sensing, 2018, 10 (10): 1523.

[9] Tomiyasu K. Synthetic aperture radar in geosynchronous orbit//Antennas and Propagation Society International Symposium, IEEE, 1978.

[10] Hu C, Long T, Zeng T, et al. The Accurate Focusing and Resolution Analysis Method in Geo-synchronous SAR. IEEE Transactions on Geoscience and Remote Sensing, 2011, 49: 3548-3563.

[11] Long T, Dong X, Hu C, et al. A New Method of Zero- Doppler Centroid Control in GEO SAR. IEEE Geoscience and Remote Sensing Letters, 2011, 8: 512-516.

[12] Hu C, Liu F, Yang W, et al. Modification of slant range model and imaging processing in GEO SAR. Geoscience and Remote Sensing Symposium, 2010: 4679-4682.

[13] Zheng W, Hu J, Zhang W, et al. Potential of geosynchronous SAR interferometric measurements in estimating three-dimensional surface displacements. Science China Information Sciences, 2017, 60: 060304.

[14] Hu C, Li Y, Dong X, et al. Three-Dimensional Deformation Retrieval in Geosynchronous SAR by Multiple-Aperture Interferometry Processing: Theory and Performance Analysis. IEEE Transactions on Geoscience and Remote Sensing, 2017, 55: 6150-6169.

[15] Jung H S, Lee W J, Zhang L. Theoretical accuracy of along- track displacementmeasurements from multiple-aperture interferometry (MAI) . Sensors (Basel), 2014, 14: 17703-17724.